MikroComputer–Praxis

Herausgegeben von
Dr. L.H. Klingen, Bonn, Prof. Dr. K. Menzel, Schwäbisch Gmünd
Prof. Dr. W. Stucky, Karlsruhe

EDV nicht nur für Techniker

Von Framework III zu Turbo-Pascal

Von Prof. Dr. Hermann Deichelmann
und Prof. Dr. Heinz-Erich Erbs

Fachhochschule Darmstadt

Springer Fachmedien Wiesbaden GmbH 1990

IBM PC, Oracle, Ingres, MS-DOS, Turbo-Pascal, Framework III und dBASE
sind eingetragene Warenzeichen.

CIP-Titelaufnahme der Deutschen Bibliothek

Deichelmann, Hermann:
EDV nicht nur für Techniker : von Framework III zu T
Pascal / von Hermann Deichelmann u. Heinz-Erich E

(MikroComputer–Praxis)
ISBN 978-3-519-09331-2   ISBN 978-3-663-12015-5 (eBook)
DOI 10.1007/978-3-663-12015-5
NE: Erbs, Heinz-Erich:

Das Werk einschließlich aller seiner Teile ist urheberrechtlich geschützt. Jede Verwertung
außerhalb der engen Grenzen des Urheberrechtsgesetzes ist ohne Zustimmung des
Verlages unzulässig und strafbar. Das gilt besonders für Vervielfältigungen, Übersetzungen,
Mikroverfilmungen und die Einspeicherung und Verarbeitung in elektronischen Systemen.

© Springer Fachmedien Wiesbaden 1990
Ursprünglich erschienen bei B.G. Teubner Stuttgart 1990

Gesamtherstellung: Druckhaus Beltz, Hemsbach/Bergstraße
Umschlaggestaltung: M. Koch, Ostfildern

Vorwort

Einen Computer programmieren zu können, selber einen besitzen - das galt lange Zeit schlicht als Sensation im Freundes- oder Kollegenkreis. Diese Zeiten sind vorbei. Ob es der Berufsalltag oder der private Bereich ist, überall finden wir heute Computer jeder Größenordnung - besonders Personal Computer sind aus unserer Umwelt nicht mehr wegzudenken.

Zum Beispiel im Studium: Welcher Student benutzt zur Auswertung empirischer Untersuchungen keinen Computer mit speziellen Statistik-Programmen? Welcher Student tippt seine Diplomarbeit heute noch mit der Schreibmaschine? Oder im Büroalltag: Geschäftsschreiben werden heute mit einem Textsystem geschrieben, die Adressen der Geschäftspartner in einer Datenbank verwaltet, Personal- und Materialeinsatz mit Hilfe der Tabellenkalkulation geplant und die Umsatzentwicklung im Schaubild dargestellt.

Ganz ohne persönlichen Aufwand geht das aber nicht. Wer den Computer als wirkungsvolles Werkzeug benutzen will, das ihm die Arbeit abnimmt und nicht künstlich erschwert, der muß den richtigen Umgang mit Hard- und Software lernen. Am besten kann er dies, indem er neben der Lektüre dieses Buches parallel den Umgang mit den Programmen an einem Computer übt.

Was benötigt er dazu?

- einen <u>Computer</u>.

  Vorteilhaft ist ein Personal Computer, der dem Industriestandard (IBM PC/XT/AT/PS2 oder kompatibel) entspricht mit Betriebssystem MS-DOS. Zu empfehlen ist außerdem eine Festplatte von mindestens 20 MegaByte (sonst wird man zu schnell zum "Disc Jockey").

- ein Programm zur Textverarbeitung, Datenverwaltung, Tabellenkalkulation, ... (= <u>Integrierte Software</u>)

  In diesem Buch wird als Integrierte Software Framework III
  verwendet - Begründung folgt später!

- ein <u>Pascal-Entwicklungssystem</u>

  Auf Personal Computern hat sich mittlerweile Turbo Pascal
  als der Quasi-Standard herausgestellt. In diesem Buch wird
  Turbo Pascal Version 4.0 verwendet.

- genügend <u>Zeit</u>, um zu üben!

Üben heißt nun aber nicht, die im Buch abgedruckten Datensammlungen für Framework und die Pascal-Beispielprogramme mühsam abzu-
tippen! Üben heißt in unseren Augen vielmehr, daß Sie die zum
Buch erhältliche Diskette mit allen Beispielen benutzen, um die
Beispiele abzuändern und so - Methode: learning by doing - her-
ausfinden, was mit welchen Mitteln zu erreichen ist. Dies gilt
ebenso für den Modellcomputer myCs.

Wir danken Herrn Günter Erler und den Studenten der Fachhochschule Darmstadt, die mit ihren Anregungen zu Verbesserungen des
Buches beigetragen haben. Dank sei auch dem Teubner-Verlag,
insbesondere Herrn Dr. Spuhler, für die gute Zusammenarbeit bei
der Herausgabe dieses Buches gesagt.

Gommersheim/Fränkisch-Crumbach im November 1989
Hermann Deichelmann   und   Heinz-Erich Erbs

Inhaltsverzeichnis

Einleitung

Solange es Computer gibt, gibt es auch Ausbildung in EDV. Die geradezu klassische Form der "Einführung in die EDV" enthält eine gerade Ausbildungslinie vom Bit und Byte zur Programmierung - "reine" Anwendung sieht sie nicht vor. Je mehr aber Computer ausschließlich genutzt und immer weniger um ihrer selbst willen programmiert werden, desto weniger macht eine ausschließlich auf die Programmierung ausgerichtete Ausbildung Sinn.

Es ist Zeit für eine <u>anwendungsorientierte Einführung</u> in die EDV. Dies hat auch die Gesellschaft für Informatik (GI) in ihren "Empfehlungen zur Integration der Informatik in Ingenieur-Studiengängen an Fachhochschulen" im Jahr 1988 erkannt. Darin schlägt sie als Inhalte von "Grundlagen der Informatik I: Grundbegriffe der Informatik und der Nutzung von Rechnersystemen" in einem Umfang von 4 Semester-Wochenstunden vor. Erst im Anschluß daran soll der Student sich der Programmierung zuwenden.

Dem entspricht das vorliegende Buch. Es stellt in seinem <u>ersten Kapitel</u> Aufbau und Funktionen von Computern dar; zunächst eher grundsätzlich und lediglich bei der Beschreibung der Benutzeroberfläche auf ein bestimmtes Betriebssystem bezogen. Den Abschluß bildet der Umgang mit einem einfachen Modellcomputer.

Das <u>zweite Kapitel</u> zeigt, wie man Computer einsetzt, um Texte zu schreiben, Daten zu verwalten, "Was wäre wenn"-Rechnungen zu machen oder Business-Grafiken zu erstellen - kurzum wie man Integrierte Software wie Framework III im Büroalltag nutzt.

Wie man Computer mit der Programmiersprache Pascal programmiert, vermittelt das <u>dritte Kapitel</u>. Dabei orientiert es sich weniger an der Systematik der Sprache, sondern an der Lernnotwendigkeit. Bestandteil ist außerdem eine Einführung in das Turbo Pascal-System Version 4.0.

Das _vierte Kapitel_ stellt dar, worin sich die Entwicklung der Beispielprogramme aus dem dritten Kapitel von professioneller Entwicklung großer Programme unterscheidet. Es zeigt außerdem anhand des Modellcomputers myCs, wie ein Programm seiner Größenordnung aufgebaut ist und wie eine moderne Benutzeroberfläche mithilfe von Turbo Pascal realisiert werden kann.

Diese vier Kapitel kann man sicherlich genau in ihrer Reihenfolge durcharbeiten - schließlich haben wir sie ja auch deshalb so und nicht anders angeordnet! Dennoch bieten sich Varianten an:

- Wer den _Computer im Büroalltag_ einsetzen und nicht selber programmieren will, sollte Kapitel 1 überfliegen und sich auf das zweite Kapitel konzentrieren. Die Beispiele dieses Kapitels sollte er sehr aufmerksam durcharbeiten und selbständig abändern und ergänzen. Immer wenn bei der Arbeit nötig sollte er auf Kapitel 1 zurückgreifen. Kapitel 3 und 4 bilden für ihn interessante, aber nicht zwingend notwendige Erweiterungen.

- Wer die _Programmierung_ lernen will, sollte Kapitel 1 aufmerksam durcharbeiten und erste Erfahrungen im Umgang mit Computern durch Beschäftigung mit Integrierter Software sammeln. Die nötige Anleitung sollte er sich in ausgewählten Abschnitten des Kapitels 2 holen. Kapitel 3 sollte er in Ruhe und mit einer gehörigen Portion Zeit für begleitende Übungen durcharbeiten. Ab und zu sollte er sich Anregungen im Kapitel 4 holen, wie er sich in der Programmentwicklung vom Amateur zum Profi entwickeln kann.

Und vergessen Sie bei allem nicht: Die "Computerei" lernt man genausowenig wie Schwimmen durch Theorie allein!

1 Computer: Aufbau und Funktionen

1.1 Überblick

Computer ... wer kennt dieses Wort heute nicht ? Für manchen verbergen sich dahinter Begriffe wie Jobkiller und Arbeitsplatzfresser, anderen sind Computer fast unentbehrliche Helfer bei der Bewältigung ihrer täglichen Arbeit und damit der Gewinnung ihres Lebensunterhalts. Wer hat recht ? Wir wollen (und können) diese Frage nicht entscheiden. Wir möchten statt dessen ohne Wertung zeigen, wie Computer aufgebaut sind, wie sie arbeiten und welchen Nutzen man aus ihnen im beruflichen und privaten Bereich ziehen kann.

Was also ist ein Computer ? Das Wort kommt aus dem Englischen und bedeutet so viel wie "Rechner" oder "Rechengerät". Und zu rechnen, komplizierte mathematische Probleme zu bearbeiten, war die ursprüngliche Aufgabe der Computer.

Bis Mitte der fünfziger Jahre waren Computer fast ausschließlich leistungsfähige "Denkmaschinen" und wurden von der breiten Öffentlichkeit auch als solche angesehen. Man betrachtete die "Elektronengehirne" mit einer Mischung aus staunender Bewunderung und geheimer Furcht. Dabei wäre schon damals eine nüchternere Beurteilung angemessener gewesen, denn schwer zu glauben: die mathematischen Fähigkeiten der meisten Computer beschränken sich auf die Ausführung der vier Grundrechenarten, oft sogar nur auf Addition und Subtraktion und entsprechen damit gerade noch denen eines Kindes im Grundschulalter. Von mathematischem Genie keine Spur! Wir werden später sehen, wieso es dennoch möglich ist, Computer zur Bearbeitung höchst komplexer Rechenprobleme erfolgreich einzusetzen.

Aber das reine "Rechnen" ist heute ohnehin nur noch ein Randge-
biet der Computertechnik. Man erkannte bald, daß sich die
"Rechenknechte" sehr vorteilhaft auf anderen Gebieten verwenden
lassen, insbesondere im Geschäftsleben und in der Verwaltung.
Hier kommt es weniger auf die Rechenleistung an, dafür umso mehr
auf die Fähigkeit zur systematischen Bearbeitung großer Mengen
von Daten und Informationen verschiedener Arten nach vorgegebenem
Schema und mit hoher Geschwindigkeit. Genau dies ist die eigentliche Stärke des Computers: wiederkehrende Abläufe mit höchster
Geschwindigkeit und ohne zu ermüden fehlerfrei durchzuführen.

Computer werden von Menschen entwickelt, von Menschen gebaut und
zur Bearbeitung von Vorgängen benutzt, die früher allein Menschen
vorbehalten waren. Ist es da sehr überraschend, daß ihr Aufbau
und ihre Struktur deutliche Analogien zu uns selbst zeigen ? Das
soll nicht heißen, daß wir den Computer zum Humanoiden, zum
Kunstmenschen hochstilisieren dürfen ... nichts wäre falscher als
das. Es bedeutet lediglich, daß wir uns manchmal ein zutreffendes
Bild von den technischen Vorgängen innerhalb eines Rechnersy-
stems machen können, indem wir uns fragen, wie analoge Vorgänge
in der menschlichen Umgebung ablaufen. Dies ermöglicht uns,
scheinbar "geheimnisvolle" Vorgänge besser zu verstehen, weil
wir in ihnen plötzlich Altvertrautes aus unserer eigenen Umgebung
entdecken.

So wie ein Mensch aus Körper und Geist besteht, so besteht ein
Computersystem aus "Hardware" und "Software". Beide Worte entstammen dem Englischen, sind aber mittlerweile so gut wie einge-
deutscht und nicht übersetzbar. "Hardware" an einem Computer ist
alles, was man anfassen kann: Bildschirm, Drucker, Stromversor-
gung, Plattenspeicher ... "Software" besteht aus den Programmen,
die einen Computer erst arbeitsfähig machen. Hardware entspricht
dem Körper des Menschen, Software dem Geist. Beide müssen
aufeinander abgestimmt sein und zusammenarbeiten, um ein funk-
tionsfähiges Gesamtsystem zu ergeben. Ohne Hardware geht nichts,

ohne Software auch nichts. Das ist wichtig und wird dennoch manchmal übersehen: die beste, modernste und teuerste Gerätekonfiguration ist unbrauchbar, wenn nicht die entsprechenden Programme verfügbar sind, durch die das Gerät erst arbeitsfähig wird.

Der menschliche Körper enthält viele verschiedene "Funktionsgruppen": die Sinnesorgane dienen der Verbindung zur Umwelt, die Gliedmaßen der Fortbewegung, Kopf und Nervensystem der inneren Steuerung, das Gehirn der Informationsspeicherung (Gedächtnis) und der Informationsverarbeitung. Vergleichbares finden wir beim Computer: die "Zentraleinheit" besorgt die eigentliche Informationsverarbeitung, der "Hauptspeicher" dient der Speicherung von Informationen, die "Peripheriegeräte" stellen die Verbindung zur Umwelt her.

Man könnte die Analogie noch weiter treiben, doch wollen wir es bei den Beispielen belassen. Wichtig ist zu erkennen, daß ein Computer ein organisiertes Gebilde aus einer Vielzahl einzelner Baugruppen ist, von denen jede einzelne ihre besondere, einzigartige Aufgabe im Rahmen des Ganzen erfüllt. Bei aller Analogie darf man auch eines nicht übersehen: selbst der größte, komplizierteste Computer ist im Vergleich zur Struktur des Menschen kaum mehr als ein primitiver Haufen aus Kunststoff, Metall und Halbleitern. Die Struktur eines Menschen ist unendlich viel komplexer als diejenige auch der modernsten Computer.

1.2 Geräte

1.2.1 Zentraleinheit, Hauptspeicher

Die Zentraleinheit (engl. Central Processing Unit, abgekürzt CPU) ist das "Gehirn" eines Computersystems. Sie führt einen Großteil der arithmetischen und logischen Verknüpfungen aus und arbeitet insbesondere das "Programm" zur Durchführung einer vorgegebenen Aufgabenstellung ab. Dieses Programm besteht aus einer Folge von "Anweisungen" an die CPU und befindet sich zur Ausführungszeit zusammen mit den erforderlichen Daten im Hauptspeicher. Die Zentraleinheit "liest" einen Befehl zusammen mit den gegebenenfalls erforderlichen Daten aus dem Speicher, führt ihn aus und fährt dann mit dem nächstfolgenden Programmbefehl fort.

Dies ist das Grundprinzip aller heutiger Rechner: Programmbefehle und Daten stehen zur Ausführungszeit im Hauptspeicher des Computers und werden von dort aus von der Zentraleinheit abgerufen und ausgeführt.

Heutige Computersysteme verwenden intern stets das sog. "binäre Zahlensystem", in dem nur die beiden Ziffern 0 und 1 vorkommen. Das Prinzip ist sehr einfach: Jede Zahl kann als Summe von Zweierpotenzen dargestellt werden. Zum Beispiel gilt

$$5689 = 1*4096 + 0*2048 + 1*1024 + 1*512 + 0*256 + 0*128$$
$$+ 0* \; 64 + 1* \; 32 + 1* \; 16 + 1* \; 8 + 0* \; 4 + 0* \; 2 + 1*1$$

$$= 1*2^{12} + 0*2^{11} + 1*2^{10} + 1*2^9 + 0*2^8 + 0*2^7 + 0*2^6$$
$$+ 1*2^5 + 1*2^4 + 1*2^3 + 0*2^2 + 0*2^1 + 1*2^0$$

Läßt man zur Abkürzung die Zweierpotenzen ganz weg und schreibt nur die Ziffern hin, so ergibt sich die Binärdarstellung 5689 = 1011000111001.

Allein mit den Ziffern 0 und 1 kann man also jede Zahl darstellen
(dies gilt übrigens auch für negative Zahlen und Brüche).

Zentraleinheit und Hauptspeicher bestehen aus elektronischen Bau-
teilen, die in der Lage sind, genau einen von zwei unterscheidba-
ren elektrischen Zuständen anzunehmen. Beispiel: ein Kondensator
kann entweder aufgeladen oder nicht aufgeladen sein (dieses
Prinzip wird in den sog. "dynamischen" Speichern verwendet).
Identifiziert man den Zustand "geladen" mit "1" und "nicht geladen" mit "0", so ergibt sich damit die Möglichkeit, jeden
Zahlenwert durch Kombinationen geladener und ungeladener Kondensatoren physikalisch darzustellen. Für die Zahl 5689 benötigen
wir 13 Kondensatoren mit den Zuständen "geladen","ungeladen",
"geladen", "geladen" und so fort.

Jedes Speicherelement (im Beispiel jeder Kondensator) speichert
eine Binärziffer oder, wie man auch sagt, ein Bit.

> Ein Bit ist die kleinste Informationseinheit in einem Compu-
> ter und entspricht einer Binärziffer. Der in einem Bit ge-
> speicherte Wert ist stets gleich 0 oder gleich 1.

Mit einzelnen Bits umgehen zu müssen, ist in der Praxis sehr umständlich. Daher faßt man häufig mehrere logisch zusammengehörige
Bits unter einem neuen Begriff zusammen: Man nennt 8 zusammengehörige Bits ein "Byte", 16 (oder manchmal auch 32, 48 bzw.
64) Bits ein "Rechnerwort". Weitere Abkürzungen sind:

1 KByte	= 1 024 Bytes	64 KBytes =	65 536 Bytes
2 KBytes	= 2 048 Bytes	512 KBytes =	524 288 Bytes
16 KBytes	= 16 384 Bytes	1 MByte =	1 048 576 Bytes

Die Zentraleinheit enthält außer den logischen Verknüpfungsschal-
tungen einen Satz sogenannter "Register". Es handelt sich dabei
im Prinzip ebenfalls um Speicherelemente, die aber nicht dem

Hauptspeicher angehören, sondern der CPU selbst. Sie dienen vor allem der Aufnahme der miteinander zu verknüpfenden Operanden sowie der Hauptspeicheradressierung. Art und Anzahl der Register sind je nach Hersteller und Typ einer Zentraleinheit sehr unterschiedlich. Stets vorhanden sind jedoch folgende Register:

Programmzähler (englisch Program Counter, abgekürzt PC):
enthält die Speicheradresse des nächsten von der CPU auszuführenden Maschinenbefehls

Akkumulator
enthält nach Ausführung einer arithmetischen oder logischen Verknüpfung zweier Operanden das Ergebnis der Operation

Mindestens ein, meist mehrere **Register**
zur Aufnahme und Zwischenspeicherung von Operanden oder anderen Werten

Statusregister
Enthält Informationen über den aktuellen Zustand, in dem sich die Zentraleinheit gerade befindet, z.B. darüber, ob das Ergebnis der letzten von der CPU ausgeführten Rechenoperation größer, gleich oder kleiner als Null war.

Die Register bestehen meist aus je 8, 16 oder 32 Bits, der Hauptspeicher umfaßt je 8 oder 16 Bits pro Speicherplatz. Man verwendet in diesem Zusammenhang den Begriff "Registerbreite" und meint damit die Anzahl der Bits, aus denen ein bestimmtes CPU-Register besteht.

Die Breiten der einzelnen Register innerhalb einer bestimmten Zentraleinheit können durchaus unterschiedlich sein. Der Programmzähler ist z.B. sehr häufig 16 Bits breit, auch bei 8-Bit-Rechnern.

Hauptspeicher heutiger Computer sind ziemlich groß. Die Anzahl verfügbarer Speicherplätze (der "Adressraum") ist fast immer eine Potenz von 2, z.B. 2^{16} = 65536 oder 2^{20} = 1 048 576. Da diese Zahlen schwer zu merken sind, rundet man sie zum nächstliegenden Binärwert hin. 512 KBytes bedeuten also 512x1024 = 524288 Bytes.

Man kann den Hauptspeicher mit einem Warenlager vergleichen. Die einzelnen Speicherplätze entsprechen den Lagerstellen, die Speicheradressen den Nummern der Lagerplätze, die Inhalte der Speicherplätze den in den einzelnen Lagerstellen gelagerten Waren. Will man einen bestimmten Artikel entnehmen oder einlagern, so muß man die Nummer des Lagerplatzes kennen. Analoges gilt für die CPU. Sie spricht jeden von ihr gewünschten Speicherplatz durch Angabe seiner Adresse an, wofür physikalisch ein Satz von Leitungen vorhanden ist, der "Adressbus". Danach kann sie dann einen Wert in den adressierten Speicherplatz einschreiben oder den darin enthaltenen Wert auslesen.

Ein wesentlicher Unterschied zum Warenlager: ausgelesene Werte sind auch nach dem Lesevorgang noch im Speicher vorhanden, die Zentraleinheit hat sie nur in eines ihrer Register kopiert, nicht wirklich dem Speicher "entnommen".

Wie gesagt, kann die Zentraleinheit jeden einzelnen Speicherplatz adressieren und die Folge ausgegebener Speicheradressen ist beliebig.Diese Eigenschaft des Hauptspeichers (die nicht selbstverständlich ist !) kennzeichnet man mit dem Begriff "Speicher für wahlfreien Zugriff" (englisch: Random Access Memory, abgekürzt RAM). Im Gegensatz dazu ist z.B. ein Magnetband kein RAM, da es nur sequentiellen Zugriff erlaubt .

Normalerweise kann die Zentraleinheit die einzelnen Speicherplätze sowohl lesen als auch neu beschreiben (mit neuen Werten versehen). Manchmal ist es aber sinnvoll, einen Speicher zu ver-

wenden, der nur gelesen, dessen Inhalt aber nicht verändert werden kann. Ein solcher Speicher wird als ROM bezeichnet (englische
Abkürzung für "Read Only Memory", deutsch "Nur-Lese-Speicher").

Natürlich muß auch ein ROM einmal beschrieben worden sein. Dies
geschieht jedoch nicht im Computer, sondern bereits während des
Fertigungsprozesses beim Hersteller. Der Vorteil eines ROMs besteht darin, daß es auch dann noch seinen Inhalt gespeichert
hält, wenn der Computer ausgeschaltet wird.

   RAM und ROM sind keine Gegensätze: auch ein ROM ist ein RAM!

Registerbreite und Adressraum sind wichtige Kenngrößen von Computern. Je größer beide sind, umso leistungsfähiger ist die Hardware (nicht unbedingt auch das Gesamtsystem !). Die dritte Kenn-
größe ist die Arbeitsgeschwindigkeit. Darunter versteht man die
Anzahl der pro Zeiteinheit bearbeiteten Befehle . Sie liegt schon
bei kleinen Systemen in der Größenordnung 1 Million Befehle pro
Sekunde und kann bei sehr großen Systemen bis zu 100 Millionen
pro Sekunde und mehr betragen. Computer arbeiten also äußerst
schnell im Vergleich zum Menschen, der es bestenfalls auf etwa
einen Befehl pro Sekunde bringt.

Von der Arbeitsgeschwindigkeit ist die "Taktfrequenz" der CPU zu
unterscheiden. Heute übliche Zentraleinheiten sind meist sog.
"Synchronmaschinen", das heißt, sie benötigen zur Abarbeitung
eines Programmbefehls eine genau festgelegte Zahl von Arbeits-
takten. Diese werden von einem eigenen "Taktgenerator" erzeugt,
einer speziellen Baugruppe innerhalb des Computers. Im allgemeinen gilt auch hier: je höher die Taktfrequenz, umso größer die
Leistungsfähigkeit des Rechners. Für jede CPU gibt es allerdings
eine bauartbedingte Grenze der Taktfrequenz, die nicht über-
schritten werden kann.

Oft hört man die Aussage, ein bestimmter Computer sei ein "8-Bit-System" oder ein "16-Bit-System" oder ein "32-Bit System". Diese Angabe bezieht sich auf die Registerbreite des Akkumulators: ein 8-Bit-Computer besitzt einen 8 Bit breiten Akkumulator, ein 16-Bit-Computer einen 16 Bit breiten Akkumulator und so fort.

Allerdings besteht hier eine gewisse Begriffsverwirrung: in vielen Büchern und Veröffentlichungen wird nicht die Registerbreite, sondern die "Busbreite" zur Kennzeichnung einer CPU verwendet. Eine CPU mit 16 Bit breiten Registern verwendet meist auch einen 16 Bits breiten Datenbus, d.h. der Bus besteht aus 16 parallelen Leitungen, je eine für jedes Bit.

Von dieser Regel gibt es aber bemerkenswerte Ausnahmen. Die bekannteste ist die CPU Intel 8088, die zwar 16-Bit-Register besitzt, aber nur einen 8 Bits breiten Datenbus. Dies bedeutet, daß der Inhalt eines Registers nicht innerhalb eines einzigen Maschinentakts zum Hauptspeicher übertragen werden kann, sondern es sind zwei aufeinander folgende "Zugriffszyklen" erforderlich. Dadurch wird der Systemdurchsatz vermindert (Größenordnung 20% gegenüber der sonst kompatiblen CPU Intel 8086). Daraus erklärt sich auch die Diskrepanz, daß manche Autoren den Intel 8088 als 8-Bit-System, andere als 16-Bit-System bezeichnen. Erstere beziehen sich auf die Busbreite als Kriterium, letztere auf die Registerbreite.

In PC/XT-kompatiblen Computern werden folgende Zentraleinheiten des Herstellers Intel verwendet (oder dazu kompatible Typen anderer Hersteller):

Typ	Register	Busbreite	Taktfrequenz	Adressraum	Rechner
8088	16 Bits	8 Bits	8 MHz	1 MByte	PC/XT
8086	16 Bits	16 Bits	8 MHz	1 MByte	PC/XT
80286	16 Bits	16 Bits	10 MHz	16 MBytes	AT

Die Taktfrequenzangaben beziehen sich auf die technisch möglichen
Höchstwerte. Diese werden aber nicht immer ausgenutzt. Im Origi-
nal-IBM-PC läuft der Prozessor 8088 z.B. nur mit 4.77 MHz (die
meisten "Kompatiblen" verwenden 8 oder sogar 10 MHz).

1.2.2 Peripheriegeräte und Schnittstellen

1.2.2.1 Allgemeines

Ein nur aus Zentraleinheit und Hauptspeicher bestehender Computer
hätte nur geringen praktischen Nutzen. Er könnte zwar komplizierte Berechnungen durchführen, hätte aber keine Möglichkeit, die
Ergebnisse nach außen sichtbar zu machen. Umgekehrt könnte er
auch von außen her keine Daten oder Anweisungen erhalten. In manchen Horrorfilmen wird etwas ähnliches dargestellt: ein Gehirn
ohne Körper, Sinnesorgane und Gliedmaßen, das isoliert von seiner
Umgebung in einer Glaswanne voll Flüssigkeit schwimmt.

Wirklich brauchbar wird ein Computersystem erst, wenn es mit
seiner Umwelt in Verbindung treten, mit der Umwelt Informationen
austauschen kann. Diesem Zweck dienen die Peripheriegeräte. Man
unterscheidet verschiedene Gruppen (mit Beispielen):

Reine Eingabegeräte
>   Tastaturen, Rollkugel ("Maus"), Scanner, Balkencodeleser
>   Meßgeräte in der Prozeßkontrolle

Reine Ausgabegeräte
>   Drucker, Bildschirm, Zeichentisch (Plotter), Leuchtanzeigen
>   Steuereinrichtungen in der Prozeßkontrolle

Kombinierte Eingabe-Ausgabegeräte
>   Terminal, Einrichtungen zur Datenfernübertragung

Geräte zur Zwischenspeicherung und Archivierung von Daten
    Magnetplattenspeicher (einschließlich Disketten)
    Magnetbandspeicher

Peripheriegeräte und Zentraleinheit müssen ebenso miteinander verbunden sein wie Kopf und Körper eines Menschen. Die Übergänge bezeichnet man als "Schnittstellen" (englisch Interface). Jede Schnittstelle besteht aus zwei Komponenten: der "Hardware" und dem "Protokoll".

Die Schnittstellenhardware umfaßt alles, was man benötigt, um ein Peripheriegerät physisch mit der Zentraleinheit zu verbinden: vor allem Stecker, Buchsen, Leitungen. Das Protokoll legt fest, nach welchen Regeln der Datenaustausch zwischen der CPU und einem bestimmten Peripheriegerät erfolgt. Ebenso wie zwei Menschen nur dann sinnvoll zusammen arbeiten oder Informationen austauschen können, wenn beide gewisse Regeln einhalten (z.B. Sprache, Ausdrucksweise, Grußformel), so muß auch bei der Zusammenarbeit zwischen Peripheriegeräten und Zentraleinheit genau festgelegt sein, wie die Kommunikation zwischen den beiden "Partnern" abläuft. Dies ist hier sogar noch wichtiger als im menschlichen Bereich, da Computer und Geräte im Gegensatz zum Menschen über keinerlei Anpassungsfähigkeit verfügen.

Es gilt: Ohne Protokoll keine Kommunikation!

1.2.2.2 Bildschirme

Alle üblichen Bildschirme arbeiten nach dem Prinzip der "Rasterung" ähnlich wie ein Fernsehgerät. Der darzustellende Gegenstand wird elektrisch in einzelne Bildpunkte zerlegt, die so rasch nacheinander auf dem Bildschirm erscheinen, daß für das relativ langsam arbeitende menschliche Auge der Eindruck eines vollständigen Bildes entsteht. Prinzipiell besteht kein Unterschied zwi-

schen Fernsehgerät und Bildschirm. Lediglich das "Auflösungsvermögen" ist verschieden: ein Fernsehbildschirm kann höchstens
40 Buchstaben in einer Zeile lesbar darstellen, ein normaler
Computerbildschirm mindestens 80 Zeichen pro Zeile. Früher verwendete man aus Preisgründen oft normale Fernsehgeräte als
Ausgabeeinheiten von "Homecomputern". Heute ist dies nicht mehr
sinnvoll: Computerbildschirme vergleichsweise guter Qualität kosten weniger als 200 DM.

Moderne Bildschirme ermöglichen sowohl die Darstellung normaler
Texte (Buchstaben, Ziffern, Sonderzeichen) als auch von "Bildern"
(Balkendiagramme, Kurven, echte Vollflächenbilder). Man unter-
scheidet die Betriebsarten "Textmodus" und "Grafikmodus".

Textmodus (25 Zeilen zu je 80 Zeichen)
>   Die obersten 24 Zeilen dienen der üblichen Textdarstellung,
>   die 25. (unterste) Zeile dient der Statusanzeige und der
>   Anzeige besonderer Meldungen wie z.B. bei Turbo-Pascal.

Grafikmodus:
>   Die Anzahl darstellbarer Bildpunkte (das "Auflösungsvermö-
>   gen") hängt ab von der technischen Gestaltung der Schnitt-
>   stellenkarte, an die der Bildschirm angeschlossen ist und
>   von der "Bandbreite" des Bildschirms. Die "Herculesgrafik"
>   (benannt nach der Herstellerfirma einer weltweit führenden
>   Schnittstellenkarte) liefert eine Grafikauflösung von 348
>   Zeilen zu je 720 Bildpunkten (einfarbig, keine Grautonstu-
>   fung). Dies ermöglicht z.B. die qualitativ gute Darstellung
>   jeder Art von "Geschäftsgrafik".

Das Auflösungsvermögen eines Bildschirms wird durch seine "Band-
breite" bestimmt. Sie sollte mindestens 12 MHz betragen, für hohe
Ansprüche sind 20 MHz und mehr erforderlich. Zum Vergleich: die
Bandbreite eines Fernsehgeräts beträgt etwa 5 MHz.

Für Anwendungen, die im wesentlichen Textverarbeitung einschlie-
ßen, genügen einfarbige Bildschirme, bei Spielen und hochwerti-
gen Grafikanwendungen ist farbige Darstellung wünschenswert
bzw. erforderlich. Farbbildschirme sind teurer als einfarbige
Bildschirme. Ob man sich einen Farbbildschirm zulegen soll oder
nicht, hängt von der hauptsächlich vorgesehenen Anwendung ab. Für
Aufgaben der Textverarbeitung sind Farbbildschirme eher nach-
teilig, da das Auge bei Farbe rascher ermüdet. Zudem ist die
Bildschärfe meist schlechter als bei einfarbigen Bildschirmen.

Um einen Bildschirm am Computer zu betreiben, benötigt man erstens eine Adapterkarte im Computer und zweitens ein "Treiber-
programm", welches das Protokoll abwickelt. Mit dem Bildschirm
alleine ist es also nicht getan. Nicht jeder Bildschirm ist an
jede Adapterkarte anschließbar.

1.2.2.3 Drucker

Um es gleich vorweg zu nehmen: alle heute üblichen Drucker,
selbst Niedrigpreisgeräte, ermöglichen den Ausdruck in "Korre-
spondenzqualität" (NLQ=Near Letter Quality, LQ=Letter Quality),
das heißt ihr Schriftbild entspricht weitgehend oder vollständig
demjenigen elektrischer Büroschreibmaschinen. Die meisten Geräte
sind Matrixdrucker, daneben werden in geringem Umfang auch die
wesentlich teureren und langsamer arbeitenden Typenraddrucker
eingesetzt, die eine besonders hohe Schriftqualität liefern.

Matrixdrucker arbeiten nach dem Rasterprinzip. Jedes Zeichen wird
in eine Anzahl von Rasterpunkten zerlegt (eine "Rastermatrix"),
die der Drucker spaltenweise nacheinander ausdruckt. Entsprechend
der Anzahl der gleichzeitig ausgedruckten Rasterpunkte unterscheidet man 9-Nadel-Drucker und 24-Nadel-Drucker. Letztere ergeben ein Druckbild, bei dem die Rasterung nur mit Mühe noch

erkennbar ist,   d.h.   die Schriftqualität ist identisch   mit der-
jenigen eines Typenraddruckers. Bei den (billigeren) 9-Nadel-
Druckern ist die Rasterung noch andeutungsweise erkennbar.

Alle Matrixdrucker sind grafikfähig, denn jede einzelne der 9
bzw. 24 Drucknadeln (Matrixpunkte) kann einzeln vom Computer an-
gesteuert werden . Auch die Realisierung verschiedener Schrift-
arten ("Fonts") ist grundsätzlich möglich. Unterschiede bestehen
hauptsächlich in der Druckgeschwindigkeit. Sie reicht von etwa 20
Zeichen/Sekunde bis zu 120 Zeichen/Sekunde (NLQ) bzw. 60 Z/s bis
300 Z/s ("Draftmodus", Entwurfsmodus). NLQ wird bei 9-Nadel-Ma-
trixdruckern durch doppeltes Schreiben jeder Zeile mit jeweils
geringfügiger Verschiebung des Druckkopfs erreicht, wodurch die
Rasterstruktur verwischt, jedoch die resultierende Druckgeschwindigkeit herabgesetzt wird.

Heutige Drucker besitzen vielseitige Steuerungsmöglichkeiten,
z.B. Mehrfarbendruck, variabler Zeilenabstand, variable Zeichen-
zahl pro Zeile, Tabulatoren waagerecht und senkrecht, Sonderzeichen zur Blockgrafik und mehr.

Die Kopplung von Computer und Drucker erfolgt mit Hilfe genorm-
ter Steckverbindungen, oft auch als "Schnittstellen" bezeichnet.
Besonders bekannt sind:

     Parallelschnittstelle ("Centronix-Schnittstelle", so benannt
     nach einem der weltweit führenden Druckerhersteller) und

     serielle Schnittstelle (V.24 bzw. RS-232-C).

Die Namen der Schnittstellen erklären sich damit, daß bei der
Parallelschnittstelle die einzelnen Bits eines Druckzeichens (7
beim sog. ASCII-Code, 8 bei dem um Blockgrafikzeichen erweiterten
ASCII-Code) zeitlich parallel, d.h. gleichzeitig , bei der seri-
ellen Schnittstelle zeitlich aufeinander folgend ausgegeben wer-

den. Für den Anwender spielt diese Unterscheidung aber in der
Regel keine Rolle. Jeder heutige Computer verfügt über beide
Anschlußmöglichkeiten, so daß der Anschluß eines beliebigen
Druckers an einen beliebigen Rechner kaum Probleme bereitet.
Lediglich die Protokolle sind unterschiedlich, doch wird dies von
gängigen Betriebssystemen (z.B. MS-DOS) bereits berücksichtigt.

Die serielle Schnittstelle wird uns in Abschnitt 1.2.4 (Daten-
fernverarbeitung) wieder begegnen.

1.2.2.4 Magnetplattenspeicher

Der Hauptspeicher eines Computers ist trotz seiner Größe nicht in
der Lage, alle Informationen zu speichern, die ein Computer benötigt. Zudem geht sein Inhalt beim Ausschalten des Geräts verloren. Aus diesem Grund benötigt man externe Speicher, die große
Datenmengen dauerhaft aufnehmen können. Dazu eignen sich ideal
die Magnetplattenspeicher. Das Prinzip ist seit Jahrzehnten aus
der Technik der Magnettonaufzeichnung bekannt. Der eigentliche
Datenträger ist eine auf der Oberfläche einer kreisförmigen
Scheibe aufgebrachte sehr dünne magnetisierbare Schicht (Dicke
weniger als 0.001 mm). Ein Schreib-Lese-Kopf (er entspricht dem
Tonkopf bei Kassettenrecordern) magnetisiert die Schicht im Takt
der vom Computer gesendeten Datenbits, während sich die Scheibe
gleichzeitig unter dem Kopf dreht. Die Aufzeichnung erfolgt in
konzentrischen "Spuren" ähnlich der Tonaufzeichnung auf einer
Schallplatte, wobei jedoch jede Spur in sich geschlossen ist (bei
der Schallplatte läuft die eine Spur bekanntlich spiralig zusammen). Um verschiedene Spuren auf der Magnetscheibe zu erreichen,
ist der Schreib-Lese-Kopf in radialer Richtung beweglich. Aber:
während des eigentlichen Schreibvorgangs steht der Kopf immer
still auf der vorher "angefahrenen" Spur. Das Lesen der
gespeicherten Daten erfolgt im Prinzip ähnlich: die aus der
Speicherschicht austretenden magnetischen Feldlinien werden von

dem Schreib-Lese-Kopf aufgenommen und nach dem Induktionsgesetz
in elektrische Spannungen und damit in Datensignale umgeformt.
Magnetische Plattenspeicher für PCs gibt es in zwei verschiedenen
Ausführungen: Diskettenspeicher und Festplattenspeicher.

Beim <u>Diskettenspeicher</u> ("Floppy Disk") ist der Datenträger eine
magnetisch beschichtete flexible Kunststoff-Folie, eingehüllt in
einen Schutzumschlag aus dünner Pappe oder in ein Kunststoff-
Gehäuse. Die Umdrehungszahl beträgt meist 6 Umdrehungen/Sekunde,
der Schreib-Lese-Kopf liegt mechanisch auf der Folie auf, d.h.
er schleift auf der Magnetschicht. Beim <u>Festplattenspeicher</u> dagegen ist der Träger der Magnetschicht eine starre Aluminium-
platte, die Umdrehungszahl beträgt etwa 50 Umdrehungen/Sekunde.
Bei dieser hohen Geschwindigkeit bildet sich über der Plattenoberfläche ein Polster aus mitgerissener Luft aus, auf dem der
Kopf regelrecht wie ein Miniaturflugzeug fliegt. Während des Nor-
malbetriebs berührt also der Kopf die Plattenoberfläche nicht.
Dies hat eine wichtige Konsequenz: eine Diskette wird stets durch
den Kopf schleifend beansprucht, die Magnetschicht nutzt sich mit
der Zeit zwangsläufig ab. Disketten besitzen daher nur eine end-
liche Lebensdauer und müssen von Zeit zu Zeit ersetzt werden. Die
Lebensdauer einer Festplatte ist dagegen theoretisch unbegrenzt,
da kein Abrieb eintritt.

Typische technische Daten	Disketten		Festplatte
Platten-Durchmesser in Zoll	5.25	3.5	5.25
Umdrehungszahl pro Sekunde	6	6	50
Speicherkapazität	360 KB	720 KB	20 - 80 MB
	1.2 MB	1.44 MB	
Kopfpositionierzeit in ms	10	10	5 - 10
Mittlere Zugriffszeit in ms	100	100	20 - 50

Magnetplattenspeicher sind "blockorientierte" Geräte. Das heißt:
Mit jedem Schreib- oder Lesevorgang werden nicht (wie beim Hauptspeicher des Rechners) einzelne Bytes zum Rechner übertragen,
sondern jeweils gleich ein ganzer Datenblock von z.B. 256 oder
512 Bytes. Diese Datenblöcke haben stets dieselbe Länge und entsprechen dem Dateninhalt eines Teils einer Spur, eines "Sektors".
Dies ist geometrisch ein radialer Ausschnitt aus einer Plattenoberfläche, ähnlich einem Tortenstück aus einer Torte. Ein Sektor
beinhaltet die kleinste adressierbare Datenmenge auf einem
Plattenspeicher. So sieht schematisch eine Plattenoberfläche aus:

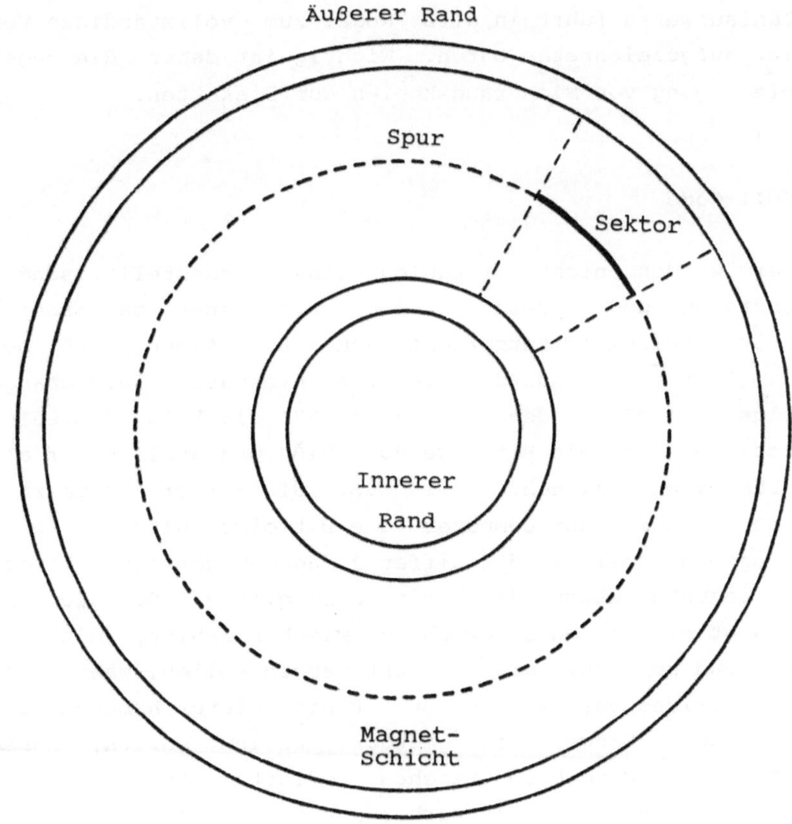

Die Sektoreinteilung liegt nicht von vornherein fest, sondern wird vom Betriebssystem beim "Formatieren" vorgenommen. MS-DOS formatiert z.B. Standard-Disketten mit 2 Oberflächen zu je 40 Spuren, jede Spur besteht aus 9 Sektoren, jeder Sektor enthält 512 Bytes (2*40*9*512 Bytes = 368 KBytes Gesamtkapazität).

Festplatten haben gegenüber Diskettenspeichern kürzere Zugriffszeiten und größere Speicherkapazitäten. In Verbindung mit dem relativ geringen Preis führte dies dazu, daß heute die weitaus meisten PCs mit Festplattenspeichern ausgestattet sind. Ein Problem dabei bildet die Datensicherheit: eine Beschädigung des Festplattenlaufwerks führt in aller Regel zum vollständigen Verlust aller aufgezeichneten Daten. Wichtig ist daher die regelmäßige Anfertigung von Sicherungskopien auf Disketten.

1.2.3 ASCII-Code

Im Computer werden nicht nur Zahlen binär dargestellt, sondern auch Buchstaben und andere Zeichen, mit denen man arbeiten möchte. Zum Beispiel entspricht dem Buchstaben "A" beim ASCII-Code (American Standard Code for Information Interchange) die Bitfolge "1010001", dem Buchstaben "B" die Folge "1010010", dem Druckzeichen "2" die Bitfolge "0110010" und ähnlich für alle anderen druckbaren Zeichen. Soll z.B. die Ziffer "2" gedruckt werden, so muß dazu der Computer die Bitfolge 0110010 an den Drucker ausgeben. Soll mit der Ziffer 2 dagegen gerechnet werden, so gilt computerintern die Binärdarstellung 00000010. Der Computer macht also einen Unterschied zwischen Zahlen, mit denen gerechnet, und solchen, die gedruckt werden sollen, während für uns Menschen beides das Gleiche ist. Programmierer haben dies zu berücksichtigen: Dinge, die gedruckt werden sollen, müssen rechnerintern als druckbare Zeichen codiert sein. Zahlen und Ziffern sind gegebenenfalls vorher aus der numerischen in die Zeichendarstellung umzuwandeln.

Der bekannteste Code zur Darstellung von Zeichen ist der ASCII-Code. Bei ihm wird jedes Zeichen durch 7 Bits dargestellt, was insgesamt 2^7=128 verschiedene Möglichkeiten ergibt. In Verbindung mit Personal-Computern hat sich weitgehend der auf 8 Bits erweiterte ASCII-Code durchgesetzt, der aus dem ursprünglichen Code dadurch entsteht, daß jeder 7-Bit-Kombination noch ein achtes Bit vorangestellt wird. Da dies nur 0 oder 1 sein kann, ergeben sich jetzt insgesamt 2*128=256 mögliche Kombinationen, also viel mehr , als für das Alphabet einschließlich der 10 Ziffern und verschiedener Sonderzeichen benötigt wird. Die "Überschüssigen" Kombinationen benützt man zur Darstellung von "Blockgrafikzeichen", mathematischen Symbolen oder griechischen Buchstaben.

Der ASCII-Code stammt ursprünglich aus den USA und berücksichtigt vor allem das englische Alphabet. Er hat sich jedoch als Weltstandard durchgesetzt. Ein Problem besteht darin, daß im Englischen bestimmte Buchstaben (z.B. die Umlaute "ä", "ö", "ü") nicht verwendet werden. Will man auch diese drucken, so benötigt man sog. "nationale" Versionen des ASCII-Codes, die für jedes Land existieren.

Übrigens gibt es ein ähnliches Problem auch bei den Tastaturen. Aus den USA stammende (oder diesen nachgebaute) Geräte besitzen eine "QWERTY"-Tastatur, so benannt nach der Tastenfolge in der zweitobersten Tastenreihe, deutsche Geräte eine "QWERTZ"-Tastatur. Die Zeichen "Y" und "Z" sind also vertauscht, außerdem fehlen der QWERTY-Tastatur die Umlaute und das "ß". Soll ein Computer für die Textverarbeitung eingesetzt werden, muß man beim Kauf auf die "richtige" Tastatur achten (moderne Tastaturen sind meist umschaltbar, doch stimmt dann gegebenenfalls der Tastenaufdruck nicht mit dem Tastenzeichen überein).

1.2.4 Einrichtungen zur Datenfernverarbeitung

1.2.4.1 Über Schnittstellen

In Kapitel 2.7.wird gezeigt, wie Rechner über große Entfernungen miteinander kommunizieren können. Was benötigt man dazu ?

Zunächst zum Computer: er muß eine "serielle" Schnittstelle besitzen. Was das ist, wurde bereits im Abschnitt über Drucker kurz behandelt. Physikalisch besteht eine serielle Schnittstelle aus einem 25-poligen Stecker (offizielle Bezeichnung: Subminiatur-D-Stecker, inoffiziell "Cannon-Stecker") bzw. der dazu passenden 25-poligen Buchse. Über dieses Stecker-Buchsenpaar kann Ihr Computer Daten mit anderen, ähnlich ausgestatteten Geräten austauschen. Die Bezeichnung "seriell" erklärt sich daraus, daß die einzelnen Bits eines Zeichens zeitlich nacheinander gesendet bzw. empfangen werden.

Die serielle Schnittstelle und ihr Übertragungsprotokoll sind international genormt und eignen sich daher vorzüglich für den Datenaustausch zwischen beliebigen Computern. Wohl jeder Rechner besitzt heute eine solche Schnittstelle. Amtliche Bezeichnung: V.24 oder (völlig gleichbedeutend) RS-232-C. Allerdings ist es mit der physikalischen Schnittstelle alleine nicht getan. Wie immer gehört das Protokoll mit dazu. Es wird durch ein Programm realisiert, das in Ihrem Computer und auf der Gegenstation laufen muß und dessen Aufgabe es ist, die Übertragung ordnungsgemäß zu steuern. Framework III enthält ein solches Programm als integrierten Bestandteil.

Zwei Fälle sind grundsätzlich zu unterscheiden:

- Die miteinander verbundenen Computer stehen **beide auf einem privaten Grundstück,** sind also nicht durch Gelände eines anderen Eigentümers voneinander getrennt. In diesem Fall benötigen Sie außer den Computern und den auf ihnen laufenden Steuerprogrammen nur noch ein geeignetes Verbindungskabel zwischen den beiden V.24-Schnittstellen. Wenn sie wollen, dürfen Sie es selbst verlegen, wie Sie wollen, besondere Vorschriften sind nicht zu beachten. Es handelt sich hier um den einfachsten Fall eines "privaten Netzes" (englisch: Local Area Network, abgekürzt LAN). Ein direktes Verbindungskabel zwischen zwei V.24-Schnittstellen wird auch als "Nullmodem" bezeichnet.

- Die Computer sind durch Gelände **voneinander getrennt,** das einem anderen Eigentümer (oder dem Staat) gehört. In diesem Fall gilt das Fernmeldemonopol der Deutschen Bundespost: sie dürfen sich Ihre Verbindungskabel nicht selbst installieren, sondern müssen die von der Post zu diesem Zweck bereitgestellten öffentlichen Fernmeldenetze nutzen. Auch die anzuschließenden Computer sind dann nicht mehr beliebig, sondern benötigen eine besondere Anschlußerlaubnis, die berühmte "FTZ-Nummer". Der Anschluß nicht zugelassener Geräte an Postnetze ist strafbar und führt im Fall der Entdeckung zum Einzug des Geräts sowie zu einer fühlbaren Geldbuße.

1.2.4.2 Postnetze

Die Bundespost betreibt verschiedene öffentliche Netze zum Datenaustausch zwischen Computern: Telefonnetz, Datex-L, Datex-P, Te-
lexnetz, HfD-Netz. Jedes davon besitzt Eigenschaften, die es für
bestimmte Anwendungen besonders attraktiv macht. Die Post berät
Sie im Bedarfsfall über alle Einzelheiten. Für den gelegentlichen
Nutzer kommt jedoch eigentlich nur das Telefonnetz in Frage. Es
besitzt die meisten Anschlüsse und ist praktisch überall verfügbar.

Bekanntlich wurde das Telefonnetz nicht zur Übertragung von Daten, sondern von Sprache und Tönen entworfen. Schall wird elek-
trotechnisch durch Wechselströme variabler Frequenzen und Ampli-
tuden dargestellt, die Telefonleitungen sind zur Übertragung
solcher "Analogsignale" optimiert. Computerdaten ergeben aber
elektrisch keine Wechselströme, sondern Gleichströme: "1" bedeutet, daß Strom fließt, "0" bedeutet, daß kein Strom fließt. Da
das Fernsprechnetz solche "Digitalsignale" nicht übermitteln
kann, müssen sie vorher in Wechselströme umgeformt und nach der
Übertragung wieder rückgeformt werden. Dazu benötigt man auf beiden Seiten der Übertragungsstrecke ein besonderes Gerät, einen
"Modem" (Abkürzung für <u>M</u>odulator/<u>De</u>modulator).

Modems konnten Sie bis vor wenigen Jahren ausschließlich von der
Bundespost beziehen, die darauf das Monopol besaß. Heute können
Sie auch Modems privater Hersteller kaufen, doch benötigen diese
wie auch die angeschlossenen Computer eine FTZ-Zulassungsnummer.
Elektrisch an das Telefonnetz angeschlossen werden die Modems
nach wie vor durch Beauftragte der Post.

Modems besitzen anwenderseitig eine V.24-Schnittstelle, über die
sie mit dem Computer verbunden werden. Sie sind in verschiedenen
technischen Ausführungen erhältlich, die sich vor allem in den
Übertragungsgeschwindigkeiten unterscheiden. Übliche Werte sind:

300 Bit/s und 1200 Bit/s bei "asynchroner" Übertragung ("synchrone" Übertragung ermöglicht höhere Geschwindigkeiten, kommt aber für den Privatanwender aus Kostengründen kaum in Frage).

Die Kosten eines Modems setzen sich aus einer einmaligen festen Anschlußgebühr, einer festen monatlichen Mietgebühr und den im Telefonnetz üblichen Verbindungsgebühren zusammen.

Ist die Menge der zu übermittelnden Daten so gering, daß sich ein fest angeschlossener Modem nicht lohnt, so bieten "Akustikkoppler" eine Alternative. Es handelt sich um transportable Geräte, welche die vom Computer kommenden Daten nicht in elektrische, sondern in akustische Signale umformen, das heißt in hörbare Töne. Diese werden unmittelbar von der Sprechmuschel des Telefonapparats aufgenommen und wie normale Sprache über das Telefonnetz übertragen (der Telefonhörer wird zu diesem Zweck in eine besondere Aufnahmevorrichtung des Akustikkopplers eingelegt).

Von einem Modemanschluß aus können Sie sowohl andere Teilnehmer anwählen als auch selbst angewählt werden. Akustikkoppler können dagegen nur eine Gegenstelle anwählen, nicht aber selbst angewählt werden ("originate only"). Sie eignen sich daher vor allem für solche Anwendungen, bei denen von einer Außenstelle aus eine Zentrale angerufen wird, beispielsweise der Datenbankrechner eines Versicherungsunternehmens oder eine "Mailbox".

1.3 Betriebssystem

1.3.1 Aufgaben

Hardware (Geräte) und Software (Programme) sind die beiden Komponenten jedes heutigen Computersystems. Das Betriebssystem zählt zur Software. Es besteht aus einer großen Anzahl einzelner Programm-Module, die alle einem gemeinsamen Ziel dienen: dem Anwender das Leben zu erleichtern, ihn von mühevollen, immer wiederkehrenden Routinearbeiten zu entlasten. Das Betriebssystem

- steuert und überwacht den gesamten Datenverkehr zwischen Zentraleinheit und Peripheriegeräten

- vermittelt die Kommunikation zwischen Benutzer und Computersystem ("Benutzungsoberfläche")

- kontrolliert die Zuteilung von Betriebsmitteln an Benutzer und Anwendungsprogramme ("Scheduling")

- unterstützt den Benutzer bei der Entwicklung neuer Anwendungsprogramme

- stellt Hilfsfunktionen für die verschiedensten Zwecke zur Verfügung

Der Datenverkehr zwischen der Zentraleinheit und jedem Peripheriegerät läuft nach einem bestimmten Protokoll ab, das den technischen Gegebenheiten des betreffenden Geräts Rechnung trägt. Ohne Betriebssystem müßte sich der Anwender selbst um die Einhaltung dieses Protokolls kümmern, wozu vor allem genaueste Detailkenntnisse aller technischen Geräteeigenschaften erforderlich sind. Zudem ist das Protokoll bei jeder neuen Anwendungsprogrammierung auch erneut zu realisieren. Es ist klar, daß damit ein

völlig untragbarer Aufwand verbunden wäre, abgesehen davon, daß
Kenntnisse dieser Art nur von ganz wenigen Spezialisten zu erwar-
ten sind.

Jeder Benutzer kommuniziert mit dem Computer, um ihm Aufgaben zu
übertragen und Ergebnisse entgegenzunehmen. Physikalisch erfolgt
der Informationsaustausch hauptsächlich über Tastatur und Bildschirm. Aber der Computer muß auch "verstehen", was der Benutzer
von ihm will, er muß die Benutzereingaben deuten können und die
erforderlichen Maßnahmen durchführen. Jede vom Benutzer gefor-
derte Aktion muß in eine Folge von Elementarvorgängen zerlegt
werden, die letzten Endes zu dem gewünschten Ziel führen. Dies
ist eine weitere und wohl die augenfälligste Aufgabe des Betriebssystems. Der Benutzer "sieht" den Computer nicht so, wie er
wirklich ist, sondern als schwarzen Kasten mit einer aus Tasta-
turbefehlen und Bildschirmausgaben bestehenden "Bedienungsober-
fläche". Diese wird ihm durch das Betriebssystem zur Verfügung
gestellt und wirkt sozusagen als "Übersetzer" zwischen zwei Wel-
ten: der Welt des Benutzers, den vor allem seine Anwendungen
interessieren, und der Welt des Computers, der nur Folgen
einfacher logischer Verknüpfungen kennt, ohne zu wissen, welchem
Zweck diese dienen.

In einem größeren Rechnersystem (aber auch in manchen PCs) läuft
zu einer bestimmten Zeit nicht nur ein einziges Programm ab, sondern mehrere Programme parallel. Oft arbeiten auch mehrere Benutzer gleichzeitig an ganz verschiedenen Aufgaben. Damit soll der
Gesamtwirkungsgrad des Systems verbessert werden. (Tatsächlich
laufen die Programme nicht wirklich gleichzeitig, sondern erhalten reihum kurze "Zeitscheiben" zugeteilt, in denen sie den Computer nutzen können. Der Zeitscheibenwechsel geschieht in so rascher Folge, daß jeder Benutzer den Eindruck hat, er arbeite
allein mit dem System).

Jedes der scheinbar parallel ablaufenden Programme benötigt gewisse Betriebsmittel, das wichtigste ist die Zentraleinheit selbst. Benötigen nun mehrere Programme gleichzeitig den Zugriff auf ein bestimmtes Betriebsmittel, so entsteht eine Konkurrenzsituation, die durch einen "Schiedsrichter" aufgelöst werden muß. Das Betriebssystem ist dieser Schiedsrichter. Es steuert die Zuteilung der Betriebsmittel zu den anfordernden Programmen so, daß der gesamte Systemdurchsatz optimiert wird, d.h. daß möglichst wenig unproduktive Wartezeiten entstehen. Dabei wird auch berücksichtigt, daß bestimmte Vorgänge zu fest vorgegebenen Zeiten ablaufen müssen (Echtzeitverarbeitung) oder als Reaktion auf äußere Ereignisse einzuleiten sind (Prozeßdatenverarbeitung, schritthaltende Verarbeitung).

Eine weitere wichtige Aufgabe des Betriebssystems ergibt sich bei der Entwicklung neuer Anwendungsprogramme. Wie wir später sehen werden, erfolgt diese in mehreren Schritten:

    Erstellung des Quellprogramms   ("edieren")
    Übersetzen des Quellprogramms   ("compilieren")
    Einbinden von Unterprogrammen   ("linken")
    Laufen lassen   ("run")
    Fehlersuche   ("debuggen")

Für jede der fünf Phasen stellt das Betriebssystem Hilfsmittel zur Verfügung, welche die Arbeit erleichtern. "Editoren" ermöglichen die textliche Erstellung des Quellprogramms, "Assembler" und "Compiler" übersetzen das Quellprogramm in die Maschinensprache, "Linker" fügen die erforderlichen Unterprogramme aus besonderen Programmbibliotheken hinzu, "Loader" laden das lauffähige Programm in den Arbeitsspeicher des Computers und starten es, "Debugger" ermöglichen die Überwachung des laufenden Programms und die Feststellung bzw. Beseitigung von Fehlern.

1.3.2 Benutzungsoberfläche am Beispiel MS-DOS

1.3.2.1 Oberflächliches

Die Benutzungsoberfläche ermöglicht die Kommunikation zwischen
Bedienperson und Rechner durch Eingabe von Befehlen an das System
und Ausgabe von Meldungen über Systemzustände an den Bediener.
Jedes Betriebssystem besitzt seine eigene Benutzungsschnitt-
stelle, das heißt seinen eigenen Vorrat an erlaubten Befehlen
und möglichen Meldungen. Der von der Benutzerschnittstelle gebo-
tene "Bedienkomfort" ist ein wichtiges Qualitätsmerkmal des Computersystems.

Einige Betriebssysteme gelten aufgrund ihrer weiten Verbreitung
als faktische "Industriestandards". Zwei Softwarehersteller hatten mit ihren Produkten besonderen Erfolg: Digital Research mit
dem Betriebssystem CP/M für Mikrocomputer aus der Familie Intel
8080 und Microsoft mit MS-DOS für Rechner auf der Basis Intel
8086. CP/M wurde für 8-Bit-Systeme entwickelt und ist heute technisch überholt. Der Markt wird weitgehend von IBM-kompatiblen
Geräten beherrscht, die Mikroprozessoren der 8086/8088-Familie
verwenden. Hier hat sich MS-DOS als unbestrittener Marktführer
durchgesetzt. Dies rechtfertigt es, die Benutzungsoberfläche von
MS-DOS stellvertretend für andere zu behandeln. Wir streben dabei
keine Vollständigkeit an: MS-DOS bietet derart viele Möglichkeiten, daß die genaue Behandlung allein mehrere umfangreiche Bücher
füllt. Wer sich dafür interessiert, muß zur Spezialliteratur
greifen. Hier wollen wir nur einen ersten Einblick geben und es
dem "Einsteiger" ermöglichen, mit seinem System grundlegende Operationen durchzuführen. Übung macht auch hier den Meister.

1.3.2.2 Dateien auf Magnetplattenspeichern

Wir haben bereits einiges über den Aufbau von Magnetplatten-
speichern erfahren. Sie dienen der Aufnahme von Daten, die entweder im Hauptspeicher des Computers keinen Platz mehr finden
oder längerfristig erhalten bleiben sollen, insbesondere auch
dann, wenn das System ausgeschaltet wird ("nichtflüchtige" Speicherung, englisch "non volatile store").

Um die gespeicherten Daten später wieder auffinden zu können,
ist es wichtig zu wissen, an welcher Stelle auf der Magnetplatte
sie sich befinden. Diese Kenntnis ist auch deswegen erforderlich,
damit einmal gespeicherte Daten nicht versehentlich durch neu
hinzu kommende überschrieben und damit zerstört werden. Kurz gesagt, wir benötigen ein Organisationskonzept für den Plattenspeicher. Darüber wollen wir jetzt sprechen.

Daten werden auf einem Plattenspeicher stets in Form von "Datei-
en" gespeichert. Eine Datei besteht aus Datenelementen gleicher
Art und gleichen Aufbaus, die unter einem gemeinsamen Dateinamen
zusammengefaßt werden. Typisches Beispiel: das Telefonbuch einer
Stadt. Es enthält viele gleichartige Einträge, von denen jeder
einen individuellen Telefonteilnehmer kennzeichnet. Die Einträge
sind die Datenelemente des Telefonbuchs, das Buch selbst ist eine
Datei. Der Dateiname könnte "Fulda" sein, wenn es sich um das
Verzeichnis der Stadt Fulda handelt.

Ein Plattenspeicher kann viele verschiedene Dateien aufnehmen. Um
sie leicht wieder aufzufinden, benötigt man ein Inhaltsverzeichnis, in dem alle Dateien verzeichnet sind. Das Inhaltsverzeichnis selbst ist auch eine Datei. Ihre Datenelemente bestehen
aus den Namen der gespeicherten Dateien zusammen mit Angaben darüber, wo diese sich auf dem Datenträger befinden. Wir haben bereits erfahren, was zu dieser Ortsangabe gehört: die Nummer der
Plattenoberfläche, die Nummern der von der Datei belegten Daten-

spuren in dieser Oberfläche und die Nummern der belegten Sektoren innerhalb der Spuren (erinnern wir uns: ein Sektor ist die kleinste physikalisch adressierbare Dateneinheit). Ein Eintrag im Inhaltsverzeichnis könnte also grundsätzlich so aussehen:

    Fulda / 0-8 13 2 / 2-5 26 2 / 0-0 0 3 / 4-6 34 3 /

Dies bedeutet: Die Datei mit Namen "Fulda" belegt die Sektoren 0 bis 8 von Spur 13 auf Plattenoberfläche 2, die Sektoren 2 bis 5 von Spur 26 auf Oberfläche 2, den Sektor 0 von Spur 0 auf Oberfläche 3 und schließlich die Sektoren 4-6 von Spur 34 auf Oberfläche 3. Man erkennt hier, daß eine Datei zwar ein logisch zusammenhängendes Gebilde ist, das jedoch keineswegs auch physikalisch zusammenhängend gespeichert sein muß.

Das Inhaltsverzeichnis ist selbst ebenfalls auf der Platteneinheit gespeichert, und zwar stets an der gleichen Stelle (z.B. Oberfläche 0 Spur 0 Sektor 0). Will der Computer eine bestimmte Datei "laden", so liest er zunächst das Verzeichnis von der Platte (da es sich stets an der gleichen Stelle befindet, bereitet dies kein Problem), entnimmt ihm den Standort der eigentlich gesuchten Datei und liest schließlich die betreffenden Sektoren. Will der Computer umgekehrt eine neue Datei auf die Platte übertragen, so überprüft er anhand des Verzeichnisses, welche Plattenbereiche noch frei sind, schreibt die Datei auf einen oder mehrere freie Sektoren und macht schließlich die entsprechenden Einträge in das Inhaltsverzeichnis.

Ein Plattenspeicher kann hunderte verschiedener Dateien speichern. Dem Computer würde das nichts ausmachen, für ihn spielt der Umfang des Inhaltsverzeichnisses fast keine Rolle. Anders jedoch der Benutzer: er würde sehr schnell den Überblick verlieren. Hinzu kommt, daß oft mehrere Betreiber zu verschiedenen Zeiten oder sogar gleichzeitig den Rechner nutzen. Hier liegt es nahe, die von einem bestimmten Benutzer verwendeten Dateien

getrennt von allen anderen in einem eigenen Inhaltsverzeichnis
zusammenzufassen. Dies erhöht nicht nur die Übersichtlichkeit,
sondern dient auch der Datensicherheit, denn jeder Benutzer kann
jetzt nur noch auf die ihm "gehörenden" Dateien zugreifen, nicht
auf diejenigen seiner Kollegen. Die Gefahr versehentlicher Zer-
störung von Daten durch unbeabsichtigtes Überschreiben wird vermindert.

Allerdings entsteht hier ein Problem: wenn mehrere getrennte Inhaltsverzeichnisse vorhanden sind, wie weiß der Computer dann,
welches davon in einem konkreten Fall zu verwenden ist ? Darauf
gibt es verschiedene Antworten. Bei IBM-kompatiblen PCs (genauer:
bei Rechnern, die das Betriebssystem MS-DOS verwenden), verfährt
man so:

Jeder Magnetplattenspeicher besitzt ein "Hauptinhaltsverzeichnis"
(englisch "Root Directory"). Dieses enthält aber nicht (oder jedenfalls nicht nur) die Namen der eigentlichen Dateien, sondern
statt dessen Namen und Standorte weiterer "Unterinhaltsverzeich-
nisse", die ihrerseits erst die endgültigen Dateien lokalisieren.
Man hat also ein "zweistufiges" Verzeichnis. Dieses Konzept kann
um weitere Stufen ausgebaut werden: die Unterverzeichnisse
enthalten erneut Namen von "Unter-Unterverzeichnissen" und so
fort. Die "Schachtelungstiefe" ist beliebig.

Sofern Sie einen IBM-kompatiblen Computer besitzen, sollten Sie
die folgenden Abschnitte gleich am Computer nachvollziehen. Aber:
Nicht alle Computer sind gerätemäßig gleich ausgestattet. Tastatur und Bildschirm sind stets vorhanden, doch bei den Platten-
speichern gibt es Unterschiede. Wir legen hier die heute am häu-
figsten verwendete Konfiguration zugrunde und nehmen an, Ihr System besäße einen eingebauten Festplattenspeicher und ein
5¼-Zoll-Diskettenlaufwerk mit der Standardspeicherkapazität von
360 KBytes pro Diskette.

1.3.2.3 MS-DOS für Einsteiger

Schalten Sie jetzt Ihr Gerät ein. Dabei sollte das Diskettenlaufwerk leer sein (andernfalls riskieren Sie eine Beschädigung der
eingelegten Diskette, weil beim Einschalten der Schreib-Lese-Kopf
auf die Magnetschicht aufschlagen kann).

Unmittelbar nach dem Einschalten sehen Sie, wie die Kontrollampe
des Plattenlaufwerks in rascher Folge zu blinken beginnt, gleichzeitig hören Sie ein ratterndes Geräusch. Beides rührt vom Plattenspeicher her, den der Computer automatisch anspricht, um das
Betriebssystem in den Hauptspeicher zu laden. Wir erkennen:
solange der Rechner ausgeschaltet ist, befindet sich das Betriebssystem ausschließlich auf dem Plattenspeicher. Erst wenn
der Rechner startet, wird es in den Hauptspeicher geladen und ist
damit arbeitsfähig.

Falls Ihr Rechner keine batteriegepufferte Uhr besitzt, erscheint
jetzt die erste Meldung auf dem Bildschirm, durch welche Sie aufgefordert werden, das _Tagesdatum_ einzugeben. Wenn heute der 28.
August 1989 ist, tippen sie auf der Tastatur die Zeichenfolge
"28.8.89" (ohne Anführungszeichen) und schließen mit der RETURN-
Taste ab.

Anschließend fordert der Rechner die Eingabe der _Tageszeit_ an.
Ist es gerade 8 Uhr 42 Minuten, so tippen Sie "8.42" (wieder ohne
Anführungszeichen, Abschluß mit Taste RETURN).

Haben Sie sich vertippt, erscheint eine Fehlernachricht und Sie
müssen die Eingabe wiederholen. Ist alles richtig gewesen, sehen
Sie nach wenigen Sekunden auf dem Bildschirm die Zeichenfolge

```
C:\>
```

und die blinkende Schreibmarke steht unmittelbar dahinter. Dies
ist die "Bereitmeldung" von MS-DOS. Ab sofort können Sie mit dem
System beliebig arbeiten, d.h. alle Befehle werden akzeptiert.

Das "C" in der Bereitmeldung bedeutet, daß zur Zeit die Festplatte Ihr "Standardlaufwerk" ist. Alle Plattenoperationen werden
mit diesem Laufwerk durchgeführt, sofern Sie in einem Befehl
nichts anderes vorgeben. Das "\" sagt aus, daß Sie sich im Hauptinhaltsverzeichnis befinden. Das ">" ist die Aufforderung an Sie,
einen Befehl einzugeben.

MS-DOS verwendet die Buchstaben A, B, C, ... zur Bezeichnung der
angeschlossenen Plattenlaufwerke. A und B sind für die beiden
Diskettenlaufwerke reserviert (falls vorhanden), C bedeutet die
Festplatte. Sind noch weitere Platteneinheiten im System vorhanden, so werden diesen die Buchstaben D, E, F etc. zugeordnet.

Alle MS-DOS-Befehle bestehen aus einer Folge von Tastaturzeichen,
die mit der Taste RETURN abgeschlossen werden. Ab jetzt geben wir
nur noch die jeweilige Zeichenfolge an, das RETURN am Ende ist
selbstverständlich. "ABC" bedeutet aufeinander folgende Betäti-
gung der Tasten A B C RETURN.

<u>Umdefinition des Standard-Laufwerks</u>

Wohl der einfachste Befehl, den MS-DOS kennt, ist die Umdefini-
tion des Standardlaufwerks. Drücken Sie die Tastenfolge

                                                          A:
als Ergebnis erscheint A:\> auf dem Bildschirm, womit angedeutet
wird, daß jetzt das Diskettenlaufwerk A zum Standardlaufwerk ge-
worden ist. "C:" schaltet wieder zum Festplattenlaufwerk zurück.

Hatten Sie noch keine Diskette in Laufwerk A eingelegt, so bekommen Sie eine Fehlermeldung am Bildschirm und werden aufgefordert,
den Vorgang abzubrechen (abort), zu wiederholen (retry) oder

trotz des Fehlers einfach weiter zu machen (ignore). Geben Sie den Anfangsbuchstaben der gewünschten Fortsetzung ein (in unserem Beispiel "R", nachdem Sie eine Diskette eingelegt haben).

Übrigens: MS-DOS unterscheidet im allgemeinen nicht zwischen Groß- und Kleinbuchstaben. Ob Sie "A:" oder "a:" eingeben, ist bedeutungslos.

<u>Diskette formatieren</u>

Vor der Benutzung als Datenträger muß eine Diskette "formatiert" werden (die Festplatte ist bereits formatiert). Dabei werden unter anderem die Sektorgrenzen festgelegt und das Inhaltsverzeichnis "initialisiert".

Achtung: Beim Formatieren gehen alle eventuell bereits auf der Diskette vorhandenen Daten verloren !

Legen Sie jetzt eine Leerdiskette in Laufwerk A und geben Sie direkt hinter der Systemmeldung C:> den Befehl

FORMAT A:/S

Sie können auf dem Bildschirm verfolgen, wie die einzelnen Datenspuren nacheinander bearbeitet werden. Zum Schluß werden Sie aufgefordert, ein "Volume-Label" einzugeben. Dies ist eine frei wählbare Kennung, die Ihnen die Übersicht über Ihre Disketten erleichtert. Geben Sie ein "MEINE_DISK" oder irgend ein anderes Wort mit höchstens 11 Zeichen. Nachdem Sie gefragt worden sind, ob Sie noch mehr Disketten formatieren wollen und mit "N" (nein) geantwortet haben, meldet sich das System mit C:\> zurück und erwartet einen neuen Befehl.

Der FORMAT-Befehl lautet allgemein   FORMAT l:/x

Für l ist A oder B einzusetzen, je nachdem, in welchem Laufwerk
sich die Diskette befindet. /x ist eine sogenannte "Option", das
heißt eine genauere Spezifikation des Befehls. Optionen können
ganz weggelassen werden, das Betriebssystem nimmt dann eine
Standardzuweisung vor ("default"). In einem Befehl sind auch
mehrere Optionen möglich, sie werden unmittelbar hintereinander
geschrieben: FORMAT l:/x/y. Geben Sie eine oder mehrere Optionen
an, so wird anstelle der Standardoption die angegebenen Optionen
ausgeführt.

Die wichtigste FORMAT-Option ist /S. Sie bewirkt, daß bei der
Formatierung auch die Betriebssystemdateien auf die Diskette
übertragen werden. Sie können den Computer anschließend statt von
der Festplatte von dieser Diskette aus starten, indem Sie einfach
sofort nach dem Einschalten die Diskette in das Laufwerk A einle-
gen und die Laufwerksabdeckung schließen.

Die Option /4 gestattet die Formatierung von 360-KByte-Disketten
in einem "High-Density"-Laufwerk (1.2 MBytes):   FORMAT A:/4

<u>Inhaltsverzeichnis anschauen</u>

Als nächstes wollen wir uns das Inhaltsverzeichnis der Festplatte
anschauen ("directory"). Geben Sie dazu den Befehl

                                                              DIR

ein . Auf dem Bildschirm erscheint eine Liste aller im Laufwerk C
enthaltenen Dateien. Das Bild könnte etwa so aussehen:

```
ASM                <DIR>      19.03.89        8.56
FW3                <DIR>      10.04.88        9.42
DOS                <DIR>       3.08.88       10.12
AUTOEXEC    BAT              10.04.88       12.10
CONFIG      SYS              10.04.88       13.30
COMMAND     COM              11.04.88       16.34
KONST       EXE              23.06.89       15.57
KONST       PAS              23.06.89       11.23
BRIEF       FW3              19.09.89       14.34
```

Wahrscheinlich stehen noch mehr Zeilen auf dem Schirm, vielleicht sogar so viele, daß die obersten Einträge über den Rand "hinausgerollt" werden und verlorengehen. Aber kein Problem: Sie können die laufende Ausgabe jederzeit durch gleichzeitiges Drücken der Tasten CTRL und S anhalten. Drücken Sie anschließend irgend eine andere Taste und es geht weiter.

Was sagt uns nun die Liste des Inhaltsverzeichnisses ? Die ersten drei Dateien sind selbst wieder Inhaltsverzeichnisse (Unterverzeichnisse), wie sich aus der Kennzeichnung <DIR> ergibt. Die sechs letzten Einträge gehören zu echten Dateien. Jeder Dateiname besteht aus einem vorderen Teil, dem eigentlichen Namen (im Beispiel AUTOEXEC, CONFIG, COMMAND, KONST, BRIEF) und einer aus maximal drei Buchstaben bestehenden "Extension" (BAT, SYS, COM, EXE, PAS, FW3). Name und Extension sind durch einen Punkt getrennt und bei der Erstellung einer Datei frei wählbar (Name höchstens 8, Extension höchstens 3 Buchstaben). Jedoch haben sich gewisse Konventionen für die Extension eingebürgert,an die man sich halten sollte (und manchmal halten muß). Die beiden letzten Spalten des Verzeichnisses enthalten Datum und Uhrzeit der Abspeicherung der betreffenden Datei.

Extension	Bedeutung
BAT	Datei für Stapelverarbeitung (BATch)
SYS	MS-DOS-Systemdatei
COM, EXE	lauffähiges Programm in Maschinensprache
PAS	Pascal-Programmdatei
FW3	Framework-III-Datei

Wollen sie das Inhaltsverzeichnis eines anderen Laufwerks sehen, so müssen sie die Laufwerksbezeichnung mit angeben, z.B. DIR A:.

Unter-Inhaltsverzeichnis anschauen

Nun wollen wir uns das Unterverzeichnis ASM ansehen. Dazu gibt es
zwei Möglichkeiten:

1. Möglichkeit: DIR C:\ASM\

Wir haben einen "Pfad" zusätzlich angegeben (\ASM\). Am Bildschirm könnte erscheinen:

```
.                <DIR>     19.03.89      8.56
..               <DIR>     19.03.89      8.56
MASM      EXE              19.03.89      9.14
LINK      EXE              19.03.89      9.22
DEBUG     COM              19.03.89     13.30
HANS      ASM              20.03.89     15.29
LIB       EXE              19.03.89     15.57
```

Die beiden obersten Zeilen sind ohne Bedeutung (abgesehen von
Datum und Uhrzeit), die nächsten fünf Einträge bezeichnen normale
Dateien. Weitere Unterverzeichnisse sind nicht vorhanden.

2. Möglichkeit:

Wir wählen das neue Inhaltsverzeichnis als Standardverzeichnis,
anschließend lassen wir es auflisten. Der Befehl zur Anwahl des
Unterverzeichnisses ASM lautet ("change directory")

                                                         CD ASM

Auf dem Bildschirm erscheint als Antwort C:\ASM>. Ab sofort re-
präsentieren nur noch die im Unterverzeichnis \ASM\ enthaltenen
Dateien das Standardverzeichnis.

Geben Sie jetzt den Befehl DIR (ohne Zusatz bezieht er sich stets
auf das Standardlaufwerk bzw. Standardverzeichnis), so erhalten
Sie das gleiche Ergebnis wie oben.

Umschalten zwischen Inhaltsverzeichnissen

Wir haben gesehen, wie man zwischen verschiedenen Verzeichnissen umschalten kann. Zu jedem beliebigen Unterinhaltsverzeichnis auf der Platte führt ein ganz bestimmter, vom Hauptverzeichnis ausgehender "Pfad", den man in dem Befehl "CD pfad" als Argument angibt. In das Hauptverzeichnis selbst kommt man mit dem Befehl "CD\".

Dateinamen, Pfadangabe

Jetzt können wir auch die Regeln zur Benennung einer Datei vervollständigen. Der komplette Dateiname besteht aus der Pfadangabe zu dem Inhaltsverzeichnis, in dem die betreffende Datei abgespeichert ist, und der Dateibezeichnung mit Extension. Letztere wird durch einen "." vom Namen unterschieden (der Punkt erscheint nicht in der Liste des Inhaltsverzeichnisses).

Beispiel: C:\FW3\ARB\PROG1.TXT

Die Datei PROG1.TXT steht im Unter-Unter-Verzeichnis ARB des Unter-Verzeichnisses FW3 des Hauptverzeichnisses von Plattenlaufwerk C (Festplatte). Die Extension TXT deutet darauf hin, daß es sich um eine Textdatei handelt.

Arbeitet man mit Dateien innerhalb des jeweiligen Standardverzeichnisses, so darf die Pfadangabe entfallen.

Auf deutschsprachigen Tastaturen ist das Zeichen "\" in der Regel nicht enthalten. Sie können es aber dennoch darstellen, indem Sie die Sondertaste ALT verwenden. Drücken Sie ALT und (bei festgehaltener ALT-Taste!) nacheinander "9" und "2" auf dem rechts befindlichen Ziffernblock. Anschließend lassen Sie ALT los, auf dem Bildschirm erscheint das Zeichen "\".

Diese Methode erlaubt die Wiedergabe _aller_ Sonderzeichen. Eine Tabelle der möglichen ALT-Kombinationen finden Sie in dem Bedienhandbuch Ihres Computers. Es handelt sich dabei um nichts anderes als die erweiterten ASCII-Codes der darzustellenden Zeichen. Der ASCII-Code von "\" lautet dezimal 92.

<u>Wie kommt eine Datei auf die Platte ?</u>

Oder besser: wie entsteht überhaupt eine Datei ? Wir wollen das an einem Beispiel verfolgen und auf unsere eben neu formatierte Diskette etwas abspeichern. Legen Sie also die Diskette in Laufwerk A und machen sie es durch die Eingabe

                                                      A:

zum Standardlaufwerk. Es erscheint die normale Systemantwort A:\> Geben Sie jetzt der Reihe nach folgende sechs Zeilen ein (jede Zeile durch RETURN abschließen):

```
COPY CON: TEST.TXT
Wenn einer, der mit Mühe kaum
gekrochen ist auf einen Baum
schon meint, daß er ein Vogel wär'
so irrt sich der.
^Z
```

Die Schreibweise "^Z" in der letzten Zeile bedeutet, daß Sie die Tasten CTRL und Z gemeinsam drücken sollen ("Control Z").

Haben Sie es bemerkt ? Zunächst passierte scheinbar nichts, aber als Sie ^Z drückten, leuchtete die Anzeigelampe von Laufwerk A auf. Mit der Eingabe ^Z haben Sie nämlich dem System mitgeteilt, daß Ihr Text nun zu Ende ist und auf der Diskette abgespeichert werden kann. Danach erscheint wieder die übliche Meldung A:\>.

Geben Sie jetzt DIR ein. Auf dem Bildschirm erscheint

        Inhaltsverzeichnis von A:\
        TEST   TXT   Datum   Uhrzeit

Tatsächlich hat der obige Befehl bewirkt, daß Ihre "Konsolein-
gabe" (das kleine Gedicht von Wilhelm Busch) auf der Diskette
abgespeichert wurde, und zwar in einer Datei mit dem vollen Namen
A:TEST.TXT. Sie haben damit Ihre erste Datei aufgebaut. Wir wollen den Befehl COPY genauer analysieren.

COPY quelle ziel

bedeutet, daß Daten einer "Quelle" zu einem "Ziel" kopiert werden. Mögliche Quellen und Ziele sind:

   CON: Konsole (Bildschirm und Tastatur gemeinsam)
   LPT1: Drucker Nr. 1 (kann nur Ziel sein)
   LPT2: Drucker Nr. 2 (falls vorhanden, kann nur Ziel sein)
   COM1: serielle Schnittstelle Nr. 1
   COM2: serielle Schnittstelle Nr. 2 (falls vorhanden)
   NUL: das "Nullgerät" (kann nur Ziel sein; die übertragenen Da-
         ten verschwinden unauffindbar)
   Datei Jede beliebige, durch ihren Namen bezeichnete Datei kann
         Datenziel sein. Ist die als Ziel benannte Datei noch
         nicht vorhanden, wird sie neu angelegt, andernfalls
         überschrieben. Eine als Quelle genannte Datei muß natür-
         lich bereits vorher vorhanden sein, andernfalls kommt es
         zu einer Fehlermeldung.

Wir erkennen hier eine typische Eigenschaft von MS-DOS (und auch
vieler anderer Betriebssysteme): physikalische Einheiten wie
Drucker, Konsole und serielle Schnittstelle werden logisch genauso behandelt wie Plattendateien. Sie sind lediglich durch besondere, dem Betriebssystem bekannte Namen ausgezeichnet.

RENAME und DELETE

Sie wollen einer Datei einen anderen Namen geben? So geht's:

                              REN TEST.TXT GEDICHT.TXT

Überzeugen Sie sich durch DIR, daß der Dateiname tatsächlich auf
der Diskette geändert wurde. Allgemein lautet der Befehl

                              REN Altername Neuername

Sie wollen den Dateiinhalt auf den Bildschirm bekommen ? Geben
Sie ein

                              COPY GEDICHT.TXT CON:

Schon sehen Sie Ihr Gedicht auf dem Bildschirm.

Das Gedicht gefällt Ihnen nicht, Sie wollen die Datei von der
Diskette löschen ("delete") ? Geben Sie ein

                              DELETE GEDICHT.TXT

und überzeugen Sie sich durch DIR, daß die Datei tatsächlich verschwunden ist.

Der * als Joker

Oft will man eine bestimmte Operation auf mehrere Dateien wirken
lassen. Nehmen Sie an, Sie haben 10 Dateien mit unterschiedlichen
Namen auf der Diskette, die aber alle die Extension .TXT
besitzen. Wenn sie diese Dateien löschen möchten, so können Sie
dazu zehnmal den DELETE-Befehl geben. Es geht aber einfacher:

DEL *.TXT löscht alle 10 Dateien gleichzeitig.

Der "*" in einem Dateinamen dient zum Ersatz jeder beliebigen Zeichenfolge. DEL AB*.ASM löscht alle Dateien, deren Namen mit den Buchstaben AB anfangen und deren Extension .ASM lautet. Alle Dateien auf Diskette A löschen Sie mit DEL A:*.* Zur Sicherheit fragt Sie das System aber vorher nochmals, ob dies auch wirklich Ihre Absicht ist. Antworten Sie mit "Y" (für "yes"), dann sind Ihre Dateien endgültig dahin, andernfalls wird der Befehl nicht ausgeführt.

<u>Neues Unter-Inhaltsverzeichnis anlegen</u>

Geben Sie den Befehl   MD A:\INHALT1

und überzeugen Sie sich, daß damit ein neues Inhaltsverzeichnis namens INHALT1 geschaffen wurde. (MD steht für "Make Directory").

                                                    MD A:\INHALT1\INHALT2

erzeugt ein Unter-Unterverzeichnis von INHALT1 mit dem Namen INHALT2 (dies geht allerdings nur, wenn INHALT1 bereits vorhanden ist). Den gleichen Effekt erzielen Sie mit der Befehlsfolge

INHALT1 wird aktuelles Verzeichnis   CD A:\INHALT1
Unterverzeichnis INHALT2 wird erzeugt   MD INHALT2

Sie sehen, der Pfad zum neuen Verzeichnis geht immer vom gerade aktuellen Verzeichnis aus.

<u>Löschen eines Unter-Inhaltsverzeichnisses</u>

Um ein Unterverzeichnis zu löschen, müssen Sie zuerst mit DEL alle darin enthaltenen Dateien löschen, anschließend verwenden Sie den Befehl "RD pfad" (Remove Directory)

Geben Sie jetzt   RD A:\INHALT1\INHALT2

ein und überzeugen Sie sich davon, daß das Unter-Unterverzeichnis
INHALT2 nicht mehr vorhanden ist (da es noch keine Dateien ent-
hielt, entfiel das vorherige Löschen).

<u>Programme sind auch Dateien</u>

Auch Programme (fertig gekaufte oder selbst hergestellte) sind
unter   einem   Dateinamen auf der Diskette   oder Festplatte
gespeichert. Die Extension lautet stets .COM oder .EXE. Wollen
Sie ein bestimmtes Programm laufen lassen, so geht dies unter
MS-DOS sehr einfach: Sie geben lediglich den Programmnamen (ohne
Extension) über die Tastatur ein, das ist alles (Haben Sie beim
Abspeichern des Programms ausnahmnweise eine andere Extension als
.COM oder .EXE gewählt, so müssen Sie diese beim Programmstart
mit angeben, damit MS-DOS die betreffende Datei findet).

Befindet sich das Programm in einem anderen als dem aktuellen
Inhaltsverzeichnis oder auf einem anderen Datenträger, so müssen
Sie zusätzlich noch den Pfad kennzeichnen.

                          C:\PROGS\STANDARD\MEIN.USR

startet das unter dem Namen "MEIN.USR" im Unterverzeichnis
"STANDARD" des Unterverzeichnisses "PROGS" auf der Festplatte ab-
gespeicherte Programm. Wäre das gleiche Programm auf Diskette A:
(dem derzeit aktuellen Laufwerk) enthalten, so genügte die Eingabe MEIN.USR. Hätte das Programm die Extension .COM oder .EXE,
so würde die Eingabe MEIN ausreichen. Und dies ist genau die
Methode, wie Sie MS-DOS um beliebige Befehle erweitern können:
jeder externe Befehl ist nichts anderes als der Name eines
Programms.

1.3.2.4 MS-DOS kurzgefaßt

<u>Die wichtigsten Befehle für Betriebssystem MS-DOS</u>

a:		Laufwerk a als aktuelles Laufwerk einstellen
CD v	(= Change Directory)	auf Verzeichnis v einstellen
COPY x y		Inhalt von Datei x in y kopieren
DEL x	(= DELete)	Datei x löschen
DATE		Datum stellen
DIR	(= DIRectory)	Dateiverzeichnis (des aktuellen Verzeichnisses auf dem aktuellen Laufwerk) anzeigen
FORMAT a:		Diskette in Laufwerk a formatieren Optionen: /4 (360 KB), /1 (eins.)
LABEL a:		Diskette in Laufwerk a Namen geben
MD v	(= Make Directory)	Verzeichnis v erstellen
PRINT x		Datei x am Drucker ausgeben
REN x y	(= REName)	Datei x in y umbenennen
RD v	(= Remove Directory)	Verzeichnis v löschen
TIME		Uhrzeit einstellen
TYPE x		Inhalt von Datei x am Bildschirm ausgeben

<u>Die wichtigsten Spezialfunktionen des Betriebssystems MS-DOS</u>

<Ctrl><Break>	Befehls- und Programmausführung abbrechen
<Ctrl> S	Bildschirmanzeige anhalten
<Ctrl> <Alt> <Del>	Warmstart (wenn garnichts mehr geht ...)
<F3>	letzten DOS-Befehl anzeigen

1.4 Selbst programmieren

1.4.1 Warum überhaupt selbst programmieren ?

Fertige Computerprogramme gibt es überall und für jeden nur
denkbaren Zweck zu kaufen. Ein sehr großer Teil aller Computeran-
wendungen wird heute durch "Standardsoftware" abgedeckt, die Bedeutung der "Individualsoftware" schwindet seit Jahren stetig.
Im gewerblichen Bereich beschränkt man sich vielerorts nur noch
auf die Durchführung kleinerer Änderungen und die Anpassung
erworbener Programme an die speziellen betrieblichen Gegebenheiten ("Customizing"). Warum also noch selbst programmieren ?

- Manchmal hat man eine spezielle Aufgaben zu lösen, für die
  kein kostengünstiges Standardprogramm aufzutreiben ist.

- Fertig gekaufte Standardprogramme sind nur in Ausnahmefällen
  sofort und ohne Änderungen einsetzbar. Meist müssen Sie das
  betreffende Programm erst an Ihre eigenen speziellen Gegebenheiten anpassen. Grundkenntnisse im Programmieren sind hier
  von Vorteil.

Wenn Sie selbst programmieren wollen (oder müssen), so ermöglicht
Ihnen das vorliegende Buch einen guten Start. Wir warnen jedoch
vor der Erwartung, durch Eigenprogrammierung einen wirtschaft-
lichen Vorteil erzielen zu können. Das erweist sich fast immer
als Irrtum. Wenn Sie Programme für Ihren Berufsalltag benötigen,
sollten Sie diese in aller Regel fertig kaufen. Die anfängliche
Geldausgabe macht sich in kurzer Zeit durch Einsparung von
Arbeitskraft und Ärger bezahlt.

1.4.2 Programmiersprachen und Programmerstellung

Jeder Computer versteht nur seine eigene Maschinensprache. Es wäre nun außerordentlich mühsam (wenn auch nicht unmöglich), ein Programm unmittelbar als Folge von Maschinenbefehlen zu schreiben. Viel einfacher ist es , zunächst andere, dem menschlichen Verständnis näherstehende Formulierungen zu verwenden und diese anschließend in die Maschinensprache zu "übersetzen".

Beispiel: Der Mikroprozessor Intel 8088, das Herzstück jedes IBM-kompatiblen PC, besitzt unter anderem ein Register namens SI. Wollen Sie dieses mit dem Zahlenwert 59804 laden und anschließend den Speicherplatz mit der Adresse 456 mit dem Wert 42524 versehen, so lauten die beiden Maschinenbefehle

    10111110100111001101001
    1100011100000110110010000000000010001110010100110

So zu programmieren ist äußerst mühsam und fehleranfälig. Wer es dennoch einmal probieren will, der kann das mit unserem Modellrechner myCs tun (siehe Kapitel 1.5) - dies ist auf jeden Fall anschaulich . Etwas einfacher geht es, wenn Sie schreiben

    "Lade SI mit Wert 59804"
    "Lade Speicherplatz 456 mit Wert 42524"

Eleganter wäre es, anstelle der umständlichen Sätze leicht merkbare Abkürzungen einzusetzen. Statt "laden" verwenden Sie MOV (dahinter steckt das englische Wort "move", deutsch "übertragen nach"), die Worte "mit" und "Wert" lassen Sie ganz weg, statt "Speicherplatz" schreiben Sie WORD PTR ("word pointer", deutsch "Wortadresse"), und schon haben Sie

    MOV SI,59804
    MOV WORD PTR (456),42524

Das ist sicherlich bedeutend einfacher (wenn auch immer noch kompliziert), vor allem, weil man sich mit einiger Übung die Abkürzungen ziemlich leicht merken kann. Leider hat die Sache einen Haken: der Computer versteht nicht mehr unmittelbar, was Sie meinen. Um ein lauffähiges Maschinenprogramm zu erhalten, müssen Sie in einem zweiten Arbeitsgang Ihre "symbolischen" Befehle wieder in die ursprüngliche Maschinensprache übersetzen.

Sie meinen, damit wäre ja nichts gewonnen ? Doch, denn jetzt kommt der Knalleffekt: die Übersetzung ist ein rein mechanischer, nach festen Regeln ablaufender Vorgang, und den kann der Computer selbst durchführen! Er benötigt dazu lediglich ein "Übersetzungsprogramm", einen "ASSEMBLER". Dessen "Eingabedaten" sind Ihre symbolischen Befehle, als Ausgabe liefert er das fix und fertige Maschinenprogramm.

Ein ASSEMBLER ist also ein auf dem Computer laufendes Übersetzungsprogramm, das symbolischen Programmcode automatisch in Maschinencode überträgt. Jedem symbolischen Befehl entspricht genau ein Maschinenbefehl.

Jetzt wird das Programmieren schon erfreulicher, dennoch bleibt eine Schwierigkeit. Nehmen wir an, Sie wollen ein Programm zur Lösung einer quadratischen Gleichung erstellen. Dann müssen Sie zwei Dinge wissen: erstens, wie man solche Gleichungen überhaupt löst (das mathematische Verfahren) und zweitens, welche Maschinenbefehle erforderlich sind, um das Lösungsverfahren auf Ihrem Computer durchzuführen. Sie müssen nicht nur die Mathematik, sondern auch die technischen Eigenschaften Ihres Rechners beherrschen. Und noch etwas: gesetzt den Fall, Sie haben das Problem tatsächlich für einen bestimmten Rechner gelöst, d.h. Sie haben das Programm. Wenn Sie dann ein Jahr später einen Computer eines anderen Herstellers kaufen, geht das Ganze von vorne los, denn dessen Befehlsvorrat ist ja von dem Ihres alten Systems verschieden! Was also ist zu tun ?

Antwort: Sie formulieren Ihr Problem nicht in maschinenabhän-
giger ASSEMBLER-Schreibweise, sondern in einer "problemorientierten" Programmiersprache. Auch hier verwenden Sie symbolische Anweisungen, die sich aber auschließlich auf das Problem "Lösung
einer quadratischen Gleichung" selbst beziehen, das heißt auf den
mathematischen Hintergrund der Aufgabe, nicht aber auf die reale
Abarbeitung durch den Rechner. Anschließend übersetzen Sie das
Programm in Maschinensprache ... fertig. Die Übersetzung besorgt
natürlich genau wie vorher der Computer selbst.

Der wesentliche Punkt dabei ist: wenn Sie später den Computer
wechseln, müssen Sie Ihr symbolisches Programm nicht neu schreiben, sondern lediglich neu übersetzen, und dies besorgt ja der
Rechner für Sie. Außerdem benötigen Sie keine Kenntnisse der
technischen Eigenschaften Ihres Systems. Das Übersetzungsprogramm
nimmt Ihnen die Arbeit ab.

Übersetzungsprogramme aus einer problemorientierten symbolischen
Sprache in Maschinensprache heißen "COMPILER" und "INTERPRETER".
Im Unterschied zu ASSEMBLERn erfolgt die Übertragung nicht "1:1"
(ein symbolischer Befehl ergibt einen Maschinenbefehl), sondern
"1:viele" (ein symbolischer Befehl ergibt im allgemeinen eine
ganze Folge von Maschinenbefehlen). Aber das Grundprinzip ist das
gleiche: Programme werden in symbolischer Ausdrucksweise geschrieben und maschinell in Maschinensprache umgesetzt.

Heutzutage werden Programme fast ausschließlich in problemorientierten Sprachen geschrieben. Einige sind so weit verbreitet,
daß man sie als "Weltsprachen" bezeichnen könnte (so wie Englisch
eine Weltsprache ist). FORTRAN, COBOL, Pascal, BASIC, PL/1
gehören in diese Gruppe. Framework-III enthält eine "eingebaute"
Programmiersprache und bietet zudem noch eine komfortable Ent-
wicklungs- und Anwendungsumgebung.

Zwischen Compilern und Interpretern besteht ein Unterschied: in einer Interpretersprache (z.B. BASIC) geschriebene Programme können auf dem Rechner unmittelbar, das heißt ohne weitere Zwischenschritte, ausgeführt werden. Programme in einer Compilersprache dagegen benötigen nach der Übersetzung noch einen weiteren Bearbeitungsschritt: das Binden (englisch "link"). Dabei werden dem übersetzten Maschinenprogramm (dem "object code") Hilfsprogramme hinzugefügt, die fertig in einer "Bibliothek" auf Magnetplatte gespeichert sind und häufig vorkommende Teilaufgaben erledigen, ohne daß diese jedesmal neu programmiert werden müssen. In unserem Beispiel wäre etwa die Berechnung der Quadratwurzel eine solche Teilaufgabe, aber auch die Ergebnisausgabe in einem bestimmten Format. Auch der Bindevorgang erfolgt maschinell mit Hilfe eines geeigneten Programms ("Binder", "Linker").

In einer Grafik läßt sich dieser Entwicklungsprozeß so darstellen:

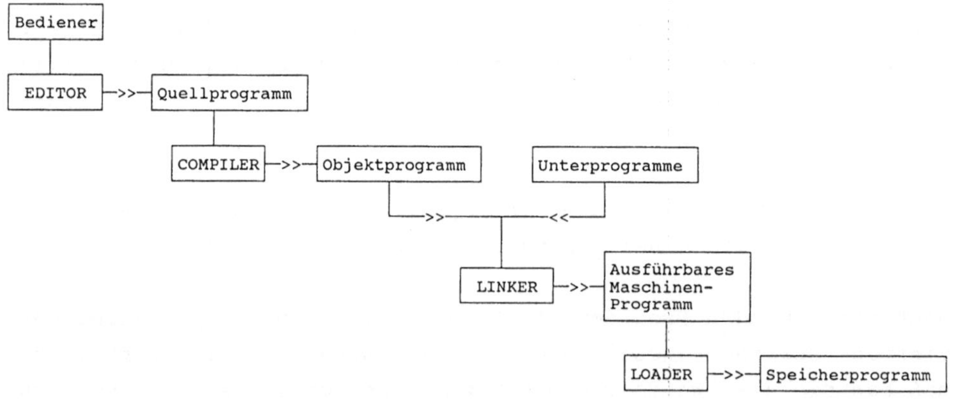

Es gibt heute "Programmierumgebungen", bei denen einige oder alle aufgeführten Funktionen (und noch weitere, z.B. Hilfen zur Fehlersuche im fertigen Programm) in einem "integrierten" Paket vereinigt sind. BASIC bot erstmalig diese Möglichkeit, Turbo-Pascal ist ein modernes Beispiel. Jede Programmiersprache besitzt Eigenschaften, welche die Sprache für ganz bestimmte Aufgabenstellungen besonders geeignet macht:

FORTRAN (FORmula TRANslator, deutsch "Formelübersetzer"), die älteste problemorientierte Sprache, ist bis heute die Standardsprache für technisch-wissenschaftliche Probleme.

COBOL   (COmmon Business Oriented Language, deutsch "Allgemeine Unternehmensorientierte Sprache") ist das Gegenstück zu FORTRAN für kaufmännische Anwendungen (ca. 80 % aller heute verwendeten Programme sind in COBOL geschrieben).

Pascal ist die Standardsprache der Schulen und Hochschulen. Ihr Vorteil liegt in der klaren Strukturierung und der Verfügbarkeit und Erweiterbarkeit zahlreicher problemangepaßter Datenstrukturen.

Universalsprachen wie z.B. PL/1, die angeblich alles optimal können, sind so umfangreich, kompliziert und daher so schwer zu erlernen, daß sie sich nicht allgemein durchsetzen konnten. Zwischen den Befürwortern der verschiedenen Sprachen entbrennt gelegentlich so etwas wie ein Glaubenskrieg. Lassen Sie sich dadurch nicht verwirren: jede Sprache ist nur so gut wie der Programmierer, der sie verwendet. Man kann in jeder Sprache sehr gute, übersichtlich strukturierte und wartungsfreundliche Programme schreiben, ebenso aber auch völlig unlesbare und unverständliche.

1.5 Der Modellcomputer myCs

1.5.1 "Hardware" und Befehlssatz

Wer bei einem Computer sofort eine Blechkiste vor sich sieht, muß
bei unserem Modellcomputer myCs umdenken. Ihn gibt es nicht als
Hardware, er besteht lediglich in einem etwa 800 Zeilen langen
Pascal-Programm - myCs ist also ein reiner Software-Computer! Und
so ist er aufgebaut:

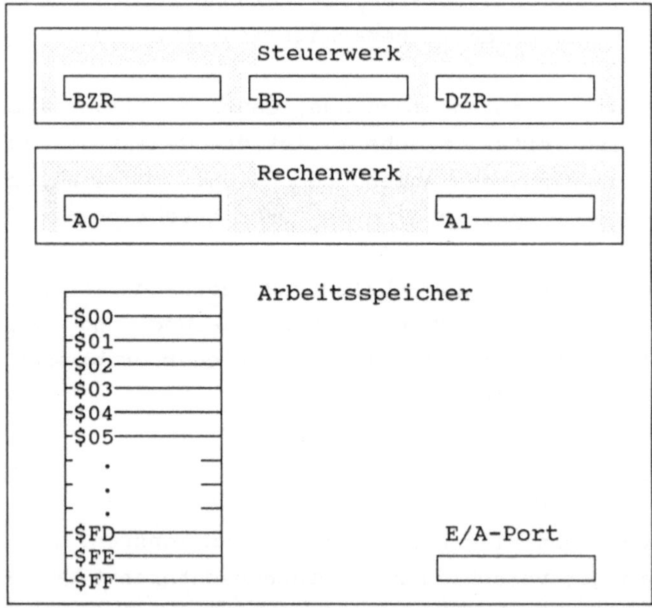

In Worten: myCs besitzt ...
- einen Hauptspeicher von 256 Bytes (Adresse $00 bis $FF)
- ein Steuerwerk mit
    -- Befehlszählregister BZR (zeigt auf die Adresse des
       Hauptspeichers mit dem nächsten zu lesenden Befehl)
    -- Befehlsregister   BR (enthält den auszuführenden
       Befehl)

  -- Datenzählregister   DZR (enthält eine ggf. zur Be-
     fehlsausführung nötige Speicheradresse)
  - ein Rechenwerk mit zwei Akkumulatoren (A0, A1)
  - ein E/A-Port zur Dateneingabe von Tastatur und -ausgabe am
    Bildschirm

Ebenso "großzügig" bemessen wie der Hauptspeicher ist auch der
Befehlsvorrat von myCs:


```
nop  = $00 { no operation };

ld   = $10 { load A0; lade A0 mit Ref (DZR) };
ld1  = $11 { load A1; lade A1 mit Ref (DZR) };
st   = $12 { store A0; speichere A0 auf Ref (DZR) };
st1  = $13 { store A1; speichere A0 auf Ref (DZR) };

add  = $20 { addiere     Ref (DZR) auf A0 };
sub  = $21 { subtrahiere Ref (DZR) von A0 };
inc  = $24 { erhoehe      A0 um 1 };
dec  = $25 { vermindere   A0 um 1 };
sr   = $26 { shift right A0 um 1 Bit; A1 := Unterlauf-Bit };
sl   = $27 { shift left  A0 um 1 Bit; A1 := Überlauf-Bit  };

inp  = $30 { input  A0; Eingabe vom E/A-Port nach A0 };
outp = $31 { output A0; Ausgabe am E/A-Port  von  A0 };

b    = $40 { branch; springe auf DZR-Adresse };
be   = $41 { branch; springe auf DZR-Adresse, wenn A0 = A1 };
bl   = $42 { branch; springe auf DZR-Adresse, wenn A0 < A1 };
bg   = $43 { branch; springe auf DZR-Adresse, wenn A0 > A1 };

halt = $FF { Beende Befehlsinterpretation };
```


Mit der Darstellung des Befehlsvorats haben wir es uns leicht
gemacht und einfach die Beschreibung aller Befehle aus dem
Pascal-Programm myCs genommen - also sind das "pure" Pascal-
Anweisungen. Nur so viel sei im Vorgriff auf Kapitel 3 gesagt:
Die Bezeichnung vor dem Gleichheitszeichen jeder Zeile beschreibt
den symbolischen Namen des Befehls, die hexadezimale Konstante
danach ist seine maschineninterne Lesart und der gesamte Text in
den geschweiften Klammern ist Erläuterung dazu.

1.5.2 Programmierung und Befehlsabarbeitung

Sehen wir uns einmal ein einfaches myCs-Programm an:

```
+--------------+
| 0001 0000    |   = $10 = Lade
+-$00----------+
| 0000 1000    |   = $08 = "Zahl1"
+-$01----------+
| 0010 0000    |   = $20 = Addiere
+-$02----------+
| 0000 1001    |   = $09 = "Zahl2"
+-$03----------+
| 0011 0001    |   = $31 = Output
+-$04----------+
| 0001 0010    |   = $12 = Speichere
+-$05----------+
| 0000 1010    |   = $0A = "Ergebnis"
+-$06----------+
| 1111 1111    |   = $FF = Halt
+-$07----------+
| 0000 0001    |   = $01 = Wert von Zahl1
+-$08----------+
| 0000 0001    |   = $01 = Wert von Zahl2
+-$09----------+
| 0000 0000    |   = $00 = Wert von Ergebnis
+-$0A----------+
   .        .
   .        .
```

Es addiert zwei Zahlen (Speicherplatz $08 und $09), gibt das Ergebnis am E/A-Port aus und speichert es (Speicherplatz $08). Im
Dialog mit dem Modellrechner myCs stellt sich das nach Eingabe
des Programms mit dem Editor und Start des Interpreters so dar
(siehe den Bildschirmabdruck auf der nächsten Seite):

Der Hauptspeicher enthält im Bereich $00 bis $07 den Programmcode
und in $08 bis $0A Platz für Daten. Das Befehlszählregister
enthält die Startadresse $00; alle anderen Register weisen
zufällige, vom letzten Programmlauf hinterlassene Werte auf.

Wie läuft die Abarbeitung dieses Programms nun ab? Der Befehlsinterpreter liest in einem ersten Schritt $10 aus dem Speicherplatz
$00 in das Befehlsregister (als ersten Befehl) und - da dieser

```
┌──────────────────┬─────────────────────────────────────┬──────────────────┐
│  myCs 10.19      │  Step:   0     Start        Phase    │  Interpretation  │
├──────────────────┴─────────────────────────────────────┴──────────────────┤
│                                                                            │
│           00 01 02 03 04 05 06 07 08 09 0A 0B 0C 0D 0E 0F                   │
│                                                                            │
│     00    10 08 20 09 31 12 0A FF 01 01 00 00 00 00 00 00                   │
│     10    00 00 00 00 00 00 00 00 00 00 00 00 00 00 00 00                   │
│     20    00 00 00 00 00 00 00 00 00 00 00 00 00 00 00 00                   │
│     30    00 00 00 00 00 00 00 00 00 00 00 00 00 00 00 00                   │
│     40    00 00 00 00 00 00 00 00 00 00 00 00 00 00 00 00                   │
│     50    00 00 00 00 00 00 00 00 00 00 00 00 00 00 00 00                   │
│     60    00 00 00 00 00 00 00 00 00 00 00 00 00 00 00 00                   │
│     70    00 00 00 00 00 00 00 00 00 00 00 00 00 00 00 00                   │
│                                                                            │
│         BZR      BR       DZR      A0       A1      E/A-Port                 │
│                                                                            │
│        ┌──────┬──────┬──────┬──────┬──────┐                                 │
│        │  00  │  4B  │  61  │  00  │  FC  │                                 │
│        └──────┴──────┴──────┴──────┴──────┘                                 │
├────────────────────────────────────────────────────────────────────────────┤
│  Mode: Single Step                    weiter (<RET>/nnnnn<RET>/<ESC>):      │
└────────────────────────────────────────────────────────────────────────────┘
```

Befehl eine Adresse benötigt - außerdem den Adressteil $08 aus
Speicherplatz $01 in das Datenzählregister. Im zweiten Schritt
führt er den Befehl "ld $07" aus (und lädt damit den Akkumulator0
mit dem Inhalt von $07: also 1).

Allgemein und erheblich präziser läßt sich die Arbeitsweise des
Befehlsinterpreters so beschreiben:

```
    WIEDERHOLE
        Lies Befehl aus Adresse von BZR nach BR
        Erhöhe Inhalt von BZR um 1
        FALLS Befehl Adressteil benötigt, DANN lies Adress-
            teil in DZR und erhöhe BZR erneut um 1
        WENN Befehl
            = ld   DANN  Lade Inhalt von ...
            = sp   DANN  Lade Inhalt von ...
            .
            .
        ENDE WENN
    BIS Befehl = Halt-Befehl
```

Drei Dinge zeigt uns die Beschäftigung mit dem Modellrechner:

(1) Hat der Befehlsinterpreter einen Sprungbefehl zu verarbeiten, so trägt er lediglich die Adresse aus dem DZR in das BZR ein. Der nächste zu interpretierende Befehl ist dann genau derjenige an dieser Stelle im Speicher.

(2) Daten und Befehle kann der Interpreter nicht unterscheiden. Damit kann der Programmierer ohne weiteres

  - Programme mit nicht vorhandenen Befehlscodes schreiben. Diese führen bei myCs zu einem Absturz des Befehlsinterpreters (natürlich aber nicht zum Absturz des myCs-Dialogsystems!).

  - Programme schreiben, die sich selbst modifizieren. Das bedeutet: Weil Befehle ebenso wie die Daten im Hauptspeicher stehen und ebenso veränderbar sind, lassen sich so zugleich "dynamische" und für Dritte nur schwer verständliche Programme entwickeln.

(3) Unser Modellcomputer myCs kennt nur natürliche Zahlen als Objekte der Datenverarbeitung. Für die Praxis reicht das natürlich nicht aus.

Diese Mängel sind zunächst dem Modellcomputer anzulasten; sie stellen aber grundsätzliche Schwächen der <u>maschinenorientierten Programmierung</u> auf im Prinzip jedem Computer dar. Weil diese Art der Programmierung sowohl mühsam als auch fehleranfällig ist, werden wir sie den Experten überlassen. Was die aufgezählten Mängel anlangt, werden wir uns ihnen von anderer Seite wieder widmen. Wir tun dies zum Beispiel im Zusammenhang mit den Datentypen in Pascal (siehe da: der Computer kennt doch mehr als nur natürliche Zahlen ...).

2 Framework III in der Anwendung

2.1 Wozu kann man Framework benutzen?

Will man Texte verarbeiten, viele Daten möglichst effizient speichern oder Daten grafisch darstellen, so war man lange Zeit für jede einzelne Aufgabe auf ein Spezialprogramm angewiesen. Mehr noch: Daten das eine Mal als Text - mit Hilfe der Textverarbeitung - verarbeiten zu lassen und ein anderes Mal grafisch darzustellen, wollte entweder garnicht oder nur nach aufwendigen Konvertierungen gelingen.

Dies ist bei Integrierter Software wie Framework III anders, d.h. besser: Ein einziges Programm kann Texte verarbeiten, Daten verwalten, sie grafisch darstellen und einiges mehr. Daten können von einer Funktion zur nächsten weitergereicht werden. Die Frage ist nur, ist jede einzelne Funktion noch leistungsfähig genug? So ist in der Leichathletik der Zehnkämpfer z.B. im Hundertmeterlauf nicht so schnell wie ein Spezialist über diese Strecke!

Ganz so Integrierte Software: In den einzelnen Funktionen sind ihr die Spezialprogramme überlegen; aber in der Gesamtheit und damit in der Integration zeigt sich ihre Stärke!

Worin unterscheidet sich dann noch die eine Integrierte Software von der anderen? Allgemein kann man sagen: Sage mir aus welchem Hause sie stammt und ich sage Dir, wo sie ihre Stärke hat! Jede Integrierte Software stammt von einer Spezialsoftware ab und hat in dieser Funktion - wenn sie auch in der Integrierten Software "abgemagert" ist - ihre Stärke. Ein Beispiel für viele ist Lotus 1-2-3 von Lotus (man erinnere sich an MultiPlan). Ganz anders sieht das bei Framework aus: Seine Stärke ist das Neue - das "Konzept". Mehr darüber und seine besonderen Vorteile später.

Was können Sie nun mit solch einer Integrierten Software wie Framework machen?

    1. Sie können mit Framework alle Texte von kurzen Briefen bis zu ganzen Büchern (wie diesem) schreiben und z. B. in den Text ohne großen Aufwand Tabellendaten und Grafiken (aus diesen Daten) einbauen.

    2. Sie können Texte, Tabellen, Datensammlungen etc. einfach und übersichtlich verwalten. Dies ist besonders wichtig bei längeren Texten wie z.B. einem Buch!

    3. Sie können Briefe, Nachrichten etc. im Rahmen einfacher Bürokommunikation verschicken und sie können ihren PC als Datenstation an weit entfernten Großrechnern und Datenbanken betreiben.

Nicht jedoch können Sie Framework einsetzen, wenn Sie Dokumente im Sinne von Desk Top Publishing (mit seinen Qualitätsansprüchen!) gestalten wollen - hier muß doch wieder ein Spezialprogramm wie z.B. PageMaker her. Dies gilt genauso für etwa die Datenverwaltung oder Grafik; wer mehr als einfache Business-Grafik braucht oder Datensammlungen größerer Komplexität verwalten will, muß zu Spezialprogrammen greifen.

2.2   Der Einstieg - leicht gemacht!

2.2.1 Hinein und erste Orientierung

Zunächst einmal eine Empfehlung: Damit Sie alle Vorkommnisse in der Dateiverwaltung im Blick behalten können und sich nicht versehentlich wichtige Informationen zerstören, sollten sie alle begleitenden Übungen auf einer besonderen Diskette oder - bei einer Festplatte - in einem besonderen Verzeichnis durchführen.

Und noch etwas: Sie sollten auf jeden Fall einen Pfad zu Ihren Framework-Programmen einstellen (am einfachsten durch Eintrag in die AUTOEXEC- oder AUTOUSER-Datei).

Nun aber los! Der erste Schritt besteht darin, die folgende Maske am Bildschirm zu erzeugen:

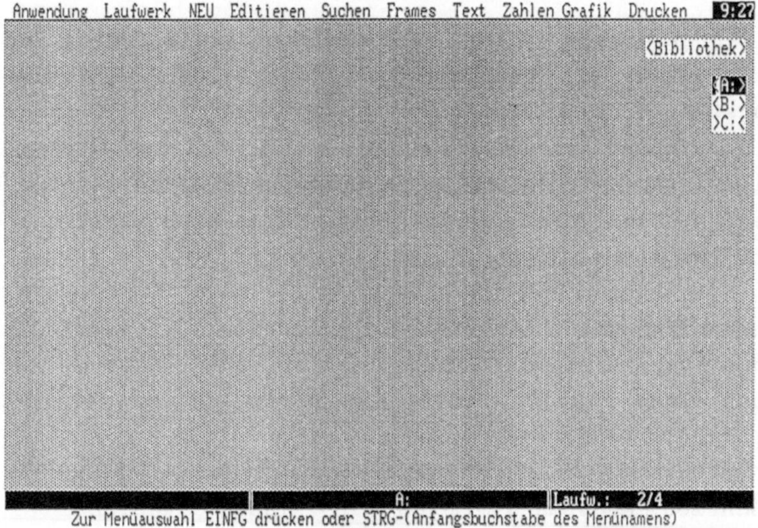

Wie erreicht man das?

    1. Schritt: Rechner einschalten und Betriebssystem MS-DOS la-
               den (lassen)
    2. Schritt: MS-DOS-Kommando "FW" eingeben
    3. Schritt: Nachdem Framework Sie danach gefragt hat, ob Sie
               die Lizenzbedingungen akzeptieren, drücken Sie die
               <Ret>-Taste.

Die wesentlichen Bestandteile dieser Bildschirmmaske sind:

    - das <u>Hauptmenü</u> in der ersten Zeile (mit hoffentlich aktueller
      Uhrzeit)

    - die <u>Arbeitsfläche</u> im gesamten gerasterten Bereich; darin die
      Anzeige der angeschlossenen Laufwerke und sonstiger Spezial-
      bereiche (hier der "Bibliothek")

    - die <u>Statuszeile</u> (gibt u.a. das Standardlaufwerk, den Namen
      des gerade zu bearbeitenden Frames und die Position des
      Cursors in einer Liste oder Zeile wieder)

    - <u>Hilfsinformationen und Fehlermeldungen</u> in den letzten beiden
      Zeilen; dabei wird die vorletzte Zeile auch als Eingabezeile
      für <u>Formel- und Texteingaben</u> benutzt.

Wir können nun den Datenträger des Laufwerks "A:" öffnen, d.h.
sein Inhaltsverzeichnis am Bildschirm anzeigen lassen. Wir können
aber auch einen eigenen Arbeitsbereich einrichten, um einen Text
zu verfassen. Hierzu ist folgendes nötig:

    1. Schritt: Hauptmenü mit der <Ins>-Taste anwählen
    2. Schritt: darin "NEU" auswählen ("Cursor"-Tasten einsetzen)
    3. Schritt: mit <Ret>-Taste auslösen

4. Schritt: "Frame: Leer/Text" auswählen und <Ret>-Taste
           bestätigen.

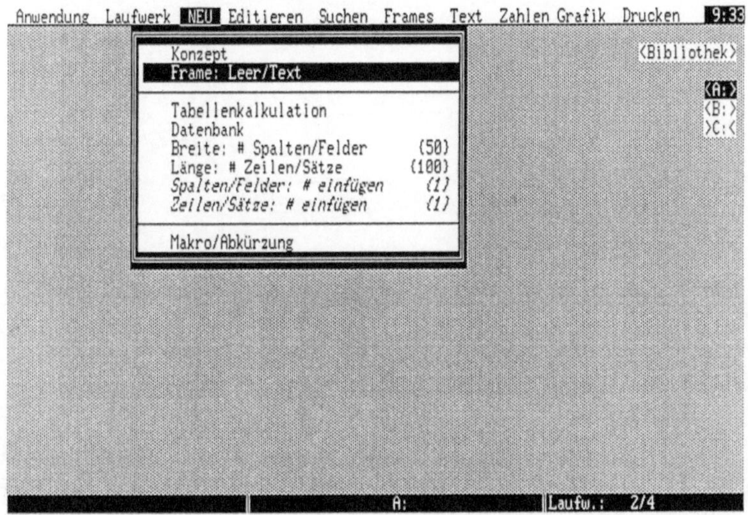

Erstellung von Text- oder Container-Frames

Auf die Arbeitsfläche wird uns ein Frame "gelegt", in den wir beliebigen Text schreiben können (siehe obere Abbildung der nächsten Seite) - doch das werden wir zunächst nicht tun. Wir werden
uns erst einmal um das Drumherum dieses Frames kümmern und dabei
als erstes ihm einen Namen vergeben. Die Eingabe hierfür ist:
"erstes Beispiel" <Return>-Taste.

Ab sofort ist der Änderungsschutz für den Namen eingeschaltet.
Wenn Sie den Namen trotzdem ändern wollen, müssen Sie immer erst
die Leertaste drücken - dies hebt den Änderungsschutz auf.

So sieht der Frame auf dem Bildschirm nun aus (siehe nächste
Seite):

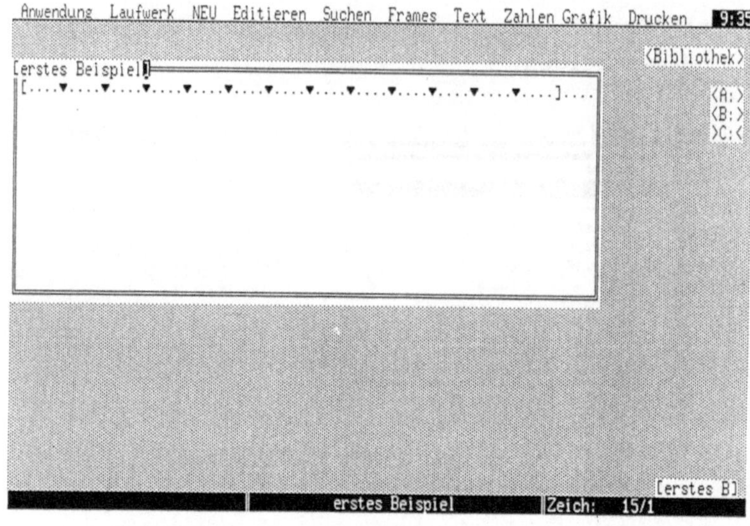

Ein anderes Problem: Wo wird der Frame nun wirklich angelegt?

Ein Blick in den Arbeitsspeicher unseres Rechners könnte diese Frage beantworten. Der Arbeitsspeicher enthält neben dem Betriebssystem MS-DOS das Programm Framework. Der Rest ist frei - z.B. für die Daten von Framework und das sind eben die Frames!

640 KB

0 KB

▒▒▒ -frei- ▒▒▒	
▓ erstes Beispiel ▓	
Frame- work	
MS-DOS	

Wer im Übrigen nachprüfen möchte, wieviel Platz im Arbeitsspeicher noch geblieben ist, kann dies - in Framework - mit der Tastenkombination <Alt> <F5> tun!

Wenn alle Frames aber nur im Arbeitsspeicher angelegt werden, dann ist es um die Datensicherheit nicht besonders gut gestellt: Eine kräftige Stromschwankung mit Rechner"absturz" und alle Texte, Grafiken etc. sind weg!

Wie sorgt man also für eine Ablage der Kopie eines Frames in der Registratur? So geht man vor:

1. Schritt: Hauptmenü anwählen (<Ins>-Taste drücken)
2. Schritt: "Laufwerk" auswählen
3. Schritt: "Zwischendurch abspeichern" auswählen
4. Schritt: mit <Ret>-Taste Aktion auslösen

Damit ist der Frame "erstes Beispiel" auch extern, d.h. auf dem Standardlaufwerk gespeichert. Das sehen wir uns einmal an: Mit der <PgDn>-Taste wählt man das Laufwerksverzeichnis an und mit der <Ret>-Taste öffnet man das aktuelle Verzeichnis des betreffenden Laufwerks:

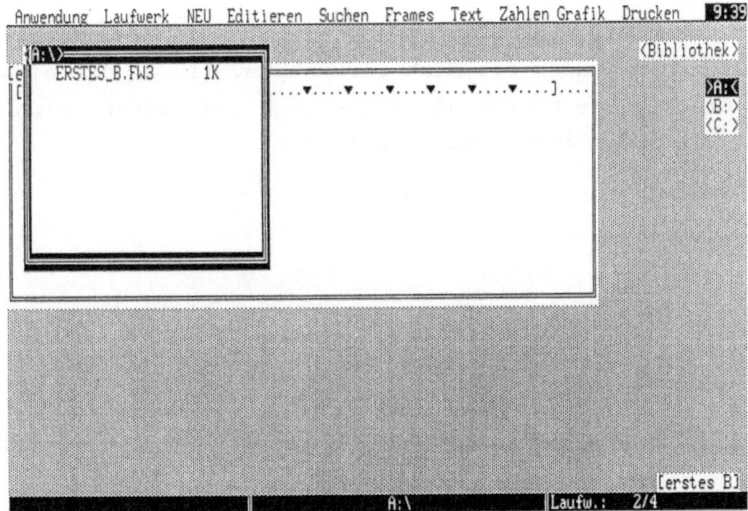

Nachdem der Frame "erstes Beispiel" gesichert ist, können wir ihn auch aus der aktuellen Bearbeitung entfernen. Wählen Sie hierzu wieder den Frame aus und drücken die <Del>-Taste. Darauf fragt Framework nach "Frame(s) wirklich löschen? (J/N)"; dies bestätigen Sie mit "J". Darauf verschwindet der gesamte Frame mitsamt seinem Fenster von der Arbeitsfläche. Auch der Eintrag im Frameverzeichnis unten rechts auf der Arbeitsfläche ist nun verschwunden.

Zurück bleibt nur das Dateiverzeichnis (unsere Registratur), aus dem der Frame wiederhergestellt werden kann:

    1. Schritt: Entsprechendes Laufwerk auswählen und mit <Ret>-
               Taste Verzeichnis öffnen
    2. Schritt: mit der <+>-Taste in das Verzeichnis gehen, die
               entsprechende Datei auswählen und
    3. Schritt: mit der <Ret>-Taste laden lassen.

Darauf ist der Frame wiederhergestellt.

Zu guter Letzt ein Tip: Wenn Sie einmal   - in Framework - nicht weiter wissen, wenden Sie sich vertrauensvoll an die eingebaute Hilfe. Drücken Sie hierzu die <F1>-Taste und lassen sich anzeigen, was Sie schon immer wissen wollten!

2.2.2 Vom Briefe-Schreiben

Wie man einen Frame anlegt, wissen Sie ja nun. In diesem Abschnitt machen Sie Ihre ersten Schritte mit der Framework-Text-
verarbeitung. Also: Rufen wir unseren Frame "erstes Beispiel"
wieder auf die Arbeitsfläche zurück und gehen mit der <+>-Taste
in den Frame hinein. Hier können wir nun Text eingeben, Zeichen
für Zeichen und ohne auf das Zeilenende zu achten - schließlich
sorgt Framework dafür, daß nichts über den rechten Rand läuft.
Nur wenn Sie wirklich einen Absatz machen wollen, schließen Sie
eine Eingabe mit der <Ret>-Taste ab - in dieser Zeile wird auch
kein Blocksatz gemacht. Und so sieht der Bildschirm aus, nachdem
wir die ersten Zeilen dieses Abschnitts eingegeben haben:

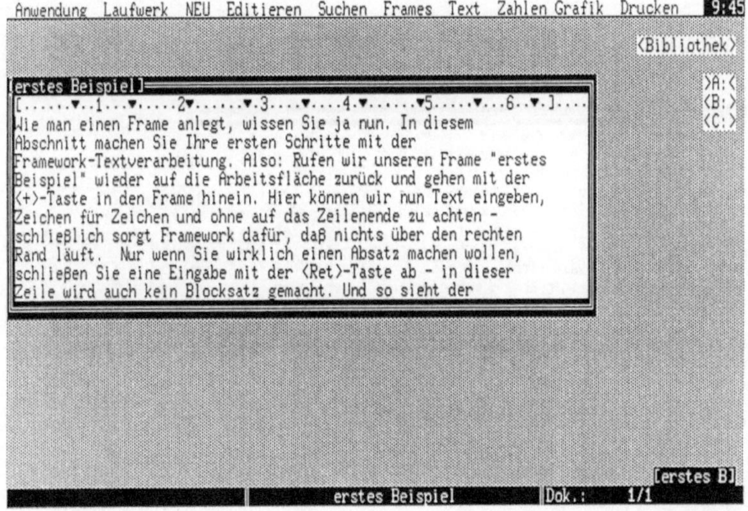

Mit diesem Text kann man experimentieren; rufen Sie dazu aus dem
Hauptmenü die Variante "Text" auf, wählen darin eine Option
wie z.B. "Blocksatz" aus und beobachten, welche Auswirkung das
hat!

Wer die ersten Zeilen dieses Abschnitts aufmerksam mit der Bild-
schirm-Wiedergabe   verglichen hat,   dem sind sicherlich Unterschiede aufgefallen. So ist der Blocksatz im gedruckten Text
besser, d.h. mit weniger Leerzeichen aufgefüllt. Dies liegt an
dem Einsatz sog. "weicher Trennzeichen", die Framework vorgeben,
wo ein Wort getrennt werden darf. Wie wird's gemacht?

    1. Schritt: Cursor an der Trennstelle im Wort positionieren
                und aus dem Hauptmenü "Editieren" auswählen
    2. Schritt: "Trennung" aufrufen
    3. Schritt: "Trennzeichen einfügen" auswählen und
    4. Schritt: mit der <Ret>-Taste auslösen

Und damit sieht der Text auf dem Bildschirm aus wie im Buch:

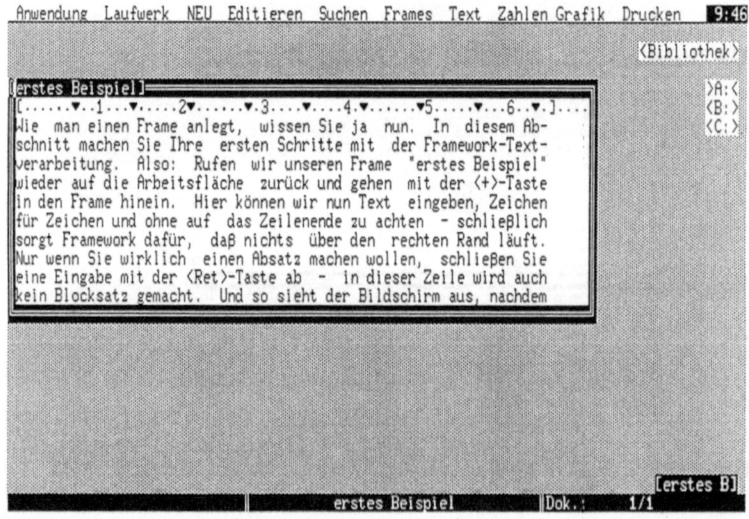

Wem das manuelle Einfügen der Trennstellen zu mühsam ist, bietet
Framework einen Automatismus. Mehr darüber im nächsten Kapitel!

2.2.3 Kopieren erlaubt

Wem die manuelle Trennung zu mühsam ist, der kann auch zur Trenn-Automatik greifen.   Hierzu muß man im Rezept zur manuellen Trennung lediglich "Im markierten Bereich trennen" statt "Trennzeichen einfügen" auswählen. Aber Obacht! Jetzt wird nicht nur - wie bei der manuellen Trennung - ein einziges Wort getrennt, sondern innerhalb eines bestimmten, markierten Bereichs jedes Wort, das aufgrund des Umbruchs getrennt werden muß.

Wie markiert man also einen Bereich?

    1. Schritt: Cursor an die erste Stelle des zu markierenden Bereichs stellen (das kann nicht nur ein Zeichen innerhalb eines Text-Frames sondern auch der erste einer Reihe von Frames sein!)
    2. Schritt: <F6>-Taste drücken
    3. Schritt: Cursor an die letzte Stelle des zu markierenden Bereichs stellen (kann auch wiederum ein Frame sein)
    4. Schritt: mit der <Ret>-Taste Markierung abschließen

Jede Aktion, die sich auf Bereiche beziehen kann, wirkt sich nun auf diesen markierten Bereich aus. Damit kann man z.B. einfach ganze Textteile löschen (wenn's einmal aus Versehen geschehen ist, läßt sich der letzte Stand mit "Editieren" und "Rücknahme" wiederherstellen!),   unterstreichen oder automatisch trennen. Vielleicht noch wichtiger ist das Kopieren von Bereichen (siehe auch die Abbildung der folgenden Seite):

    1. Schritt: Zu kopierenden Bereich markieren (siehe oben).
    2. Schritt: <F8>-Taste drücken
    3. Schritt: Cursor an die Position stellen, vor die die zu kopierenden Objekte eingefügt werden sollen.
    4. Schritt: mit der <Ret>-Taste Kopieren auslösen.

AUSWAHL: Markierung mit Cursortasten erweitern -- Abschließen mit RETURN

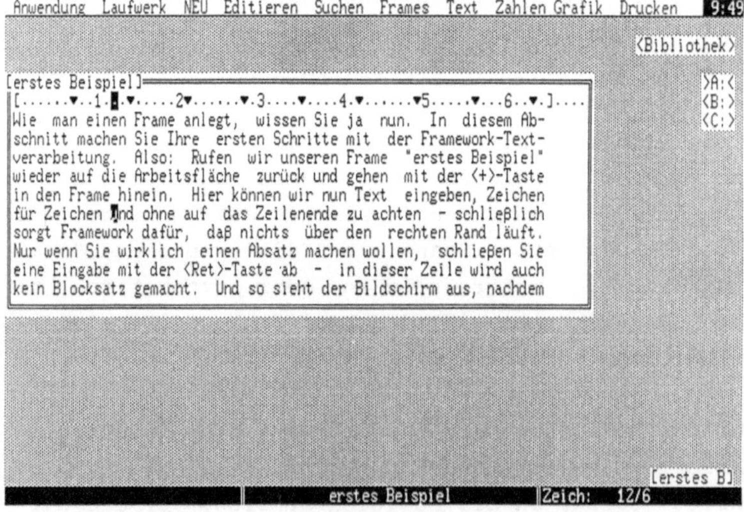

KOPIEREN: Ziel mit Cursortasten markieren -- Abschließen mit RETURN

Kopieren nach diesem Rezept beläßt das Original an der ursprünglichen Stelle und erzeugt lediglich eine Kopie an der anderen
Stelle. Wer einen Bereich nur <u>verschieben</u> will, der drücke im 2.
Schritt des Kopier-Rezepts die <u><F7>-Taste</u>. Nach dem 4. Schritt
ist dann das Original an der ursprünglichen Stelle nicht mehr
vorhanden.

Und was man einmal begonnen hat, braucht man auf keinen Fall bis
zur bitteren Neige durchführen. Jeden Schritt bei Markieren oder
Kopieren kann man durch Betätigen der <Esc>-Taste wieder zurück-
ziehen.

Und zu guter Letzt: Selbst ganze Dateien lassen sich mit dieser
Methode markieren, kopieren oder auch löschen. So sieht zum Beispiel eine Momentaufnahme aus dem Kopieren von Dateien aus:

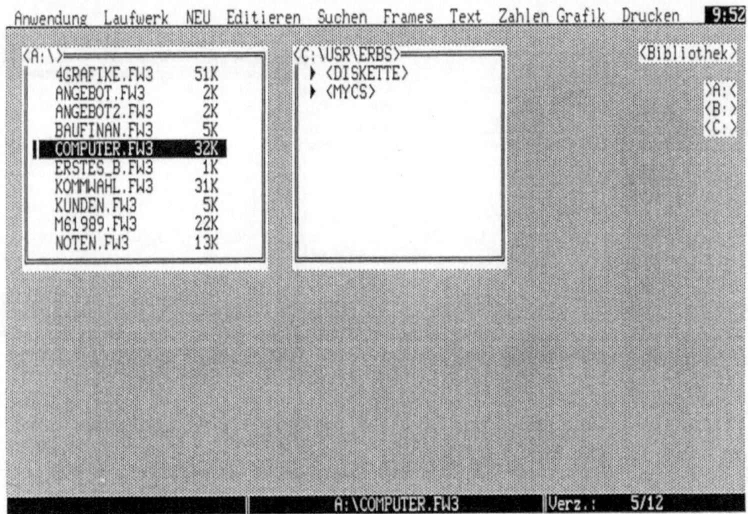

KOPIEREN: Ziel mit Cursortasten markieren -- Abschließen mit RETURN

2.2.4 Imprimatur!

Einen Brief schreiben heißt nun aber nicht nur Text **erfassen**, sondern ihn auch **auszudrucken**. Zunächst müssen wir hierfür festlegen <u>was</u> ausgedruckt werden soll:

- Soll ein gesamter Frame ausgedruckt werden, müssen wir den Cursor auf den Framerahmen stellen (Eingabe: <->-Taste).

- Wollen wir nur einen bestimmten Textbereich innerhalb eines Frames ausgedrucken lassen, müssen wir den Textbereich markieren.

Nun legen wir fest, <u>wie</u> der Text ausgedruckt werden soll. Was man dazu alles Framework mitteilen kann, sehen Sie auf dem folgenden Bildschirmabdruck:

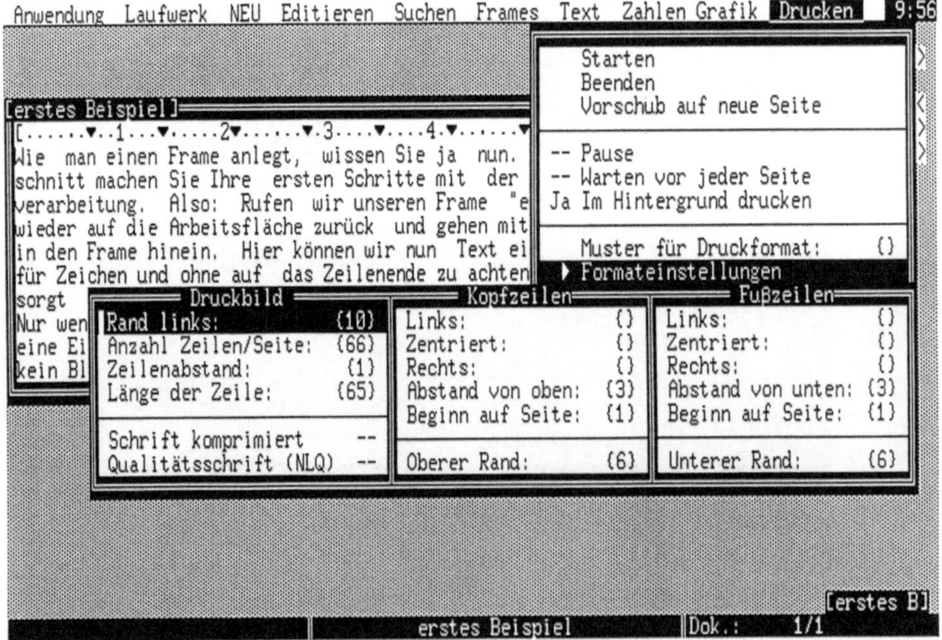

Jede Formatierungsvorschrift können Sie abändern, indem Sie sie mit dem Cursor anwählen, mit der <Ret>-Taste auswählen, den richtigen Wert oder Text eintragen und mit der <Ret>-Taste fixieren. Alle Einstellungen bleiben mit dem Frame verbunden und werden mit ihm zusammen gespeichert. Dies gilt ebenso für die Festlegungen zur "Druckersteuerung", mit der Sie u.a. festlegen können, mit welcher Seitennummer Ihr Text im Ausdruck beginnen soll.

Nicht verbunden mit einem bestimmten Frame (und damit auch nicht über eine Framework-Sitzung hinaus gespeichert) werden die weiteren Festlegungen:

- Anhand von "Ziel der Ausgabe" bestimmen Sie auf welchem Drucker Ihr Text ausgegeben werden soll. Alternativ können Sie auch zunächst einmal einen Kontrollausdruck in eine Datei geben und anschließend lediglich am Bildschirm ansehen.

- In den "Optionen für Ausdruck" wählen Sie u.a. einen bestimmten Seiten-Bereich für den Druck aus.

Schließlich können Sie noch wählen, ob der Druck als Hintergrundprozeß ausgeführt werden soll (damit können Sie im "Vordergrund" - wenn auch bisweilen merklich langsamer - mit Framework weiterarbeiten) oder ob Framework vor jeder zu druckenden Seite auf grünes Licht von Ihnen warten soll. Gerade letzteres ist sinnvoll, wenn Sie nicht Endlospapier bedrucken, sondern zum Beispiel Einzelblätter verwenden.

Und nun endlich: <u>Imprimatur!</u> Der Text ist markiert, die Formatierungsvorschriften und sonstige Einstellungen sind angelegt und so kann gedruckt werden. Hierzu wählen wir aus dem Menü "Drucken" die Auswahl "Starten" aus und los geht's. (Einen Beispielabdruck ersparen wir uns an dieser Stelle ...)

2.2.5 ... und wieder heraus

In den meisten Programm-Beschreibungen sucht man eine Funktion vergeblich: wie man das Programm wieder verlassen kann. Weil dies aber so wichtig ist - und man nicht immer zum Ausschalt-Hebel an der Computer-Hardware greifen will - sei das Aussteigen aus Framework kurz erläutert.

    1. Schritt: Aus dem Hauptmenü "Laufwerk" auswählen
    2. Schritt: "Ende Framework III" auswählen und mit der
                <Ret>-Taste auslösen

Und nun gibt es zwei Möglichkeiten:
  --> Sie haben gar keine Dokumente bearbeitet oder sie nur gele-
      sen. Dann meldet sich Framework mit der Frage:

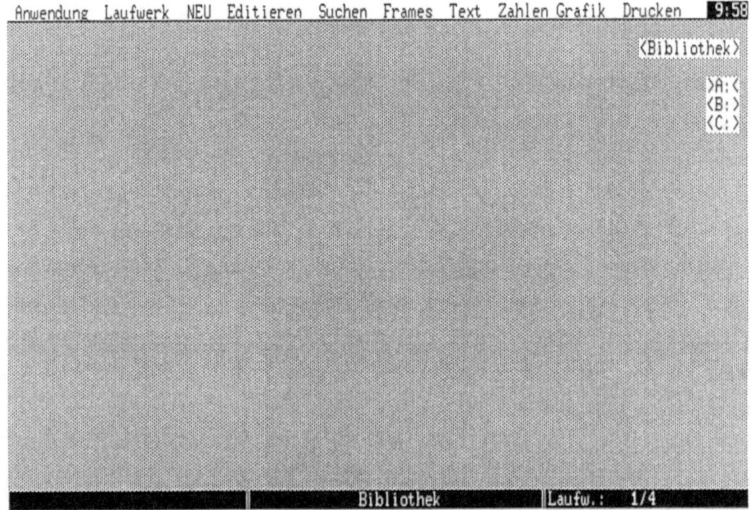

Drücken Sie hier die <J>-Taste.

--> Sie haben mindestens ein Dokument bearbeitet und dabei verändert. Dann wird's komplizierter:

Framework gibt Ihnen noch eine letzte Gelegenheit, geän-
derte Frames auf Festplatte oder Diskette zu sichern. Sie
können dabei mit der Option "Speichern nach Einzelabfrage"
auswählen, welcher Frame gesichert werden soll.

Wohlgemerkt: Alles was sie vor dem Ausstieg aus Framework nicht
gesichert haben, ist unwiederbringlich weg!

2.3   Konjunktur für Daten

2.3.1   Datenverwaltung mit Framework

Eine der wichtigsten Aufgaben für Personal Computer - wenn nicht
für Computer jeder Größenordnung - ist die Verwaltung großer Datenmengen. Ob es sich dabei um die Übersicht über die private
Schallplatten-, Bücher- oder Briefmarkensammlung handelt oder um
die Kundenkonten der Volksbank Gersprenztal - immer sind die Aufgaben gleich:

> Viele Daten gleicher Struktur sollen so gespeichert werden,
> daß auf einzelne oder Teilmengen möglichst schnell zugegriffen
> werden kann.

Zur Strukturierung stellt Framework Zeilen und Spalten zur Verfügung: Eine Zeile ist   ein Datensatz und eine Spalte ist ein Datenfeld. In der Sprache der Relationalen Datenbanken bezeichnet
man dies als eine <u>Relation</u>. Auch wenn Framework dabei schon von
einer "Datenbank" spricht, werden wir im folgenden die treffen-
dere Bezeichnung "Relation" verwenden.

Aber Obacht! Nicht alles, was Relationen des Relationalen Daten-
bankmodells auszeichnet, ist in Framework auch vorhanden:

  - Framework kennt keine Primärschlüssel.
  - Duplikate, d.h. identische Datensätze sind möglich.
  - Die Datensätze sind in der Relation geordnet.
  - Verknüpfungen von Relationen ("Join") sind nicht möglich.

Wem die Mittel der Datenverwaltung in Framework nicht genügen,
der muß zu einem mächtigerem Werkzeug greifen, sei es das Programm dBASE IV (ebenso aus dem Hause Ashton-Tate und deshalb auch
gut verknüpfbar mit Framework) oder zu einem "echten" Daten-
banksystem wie z.B. Oracle oder Ingres.

2.3.2 Aufbau einer Relation

Eine Relation baut man in Framework auf, indem man

- die Zahl der Datenfelder ("Spalten/Felder") und der Datensätze ("Zeilen/Sätze") festlegt und (den Speicherplatz für)
  die Relation erzeugt.

- die Daten in die Relation einträgt.

Ein Beispiel: Die Daten von Kunden der Firma ComputerPartner in
Darmstadt sollen gespeichert werden. Datenfelder sind: Anrede,
Name, Zusatz, Straße, Postleitzahl, Ort, Telefon und Geburtsda-
tum. Zunächst sollen fünf Datensätze gespeichert werden. Hierfür
sind folgende Schritte nötig:

1. Schritt: Zahl der Datenfelder festlegen (im Beispiel: 8)

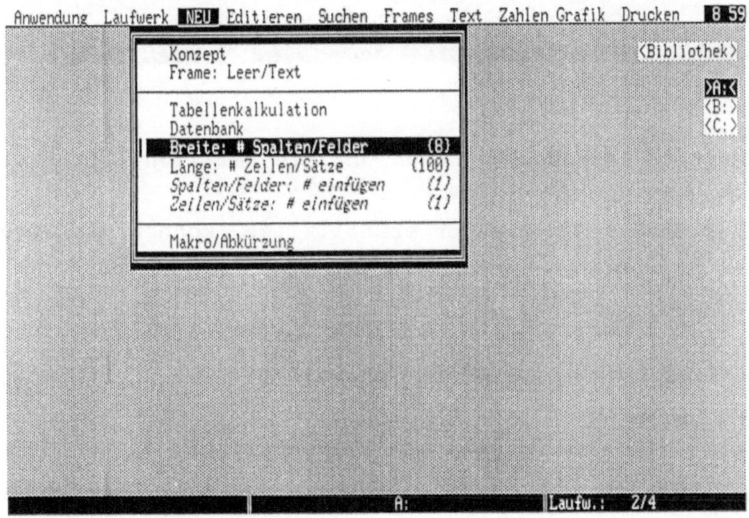

NEU: Breite: # Spalten/Felder   (8)

2. Schritt: Nach der Zahl der Spalten wird die Zahl der Daten-
           sätze festgelegt (zur Erinnerung: markiertes Feld
           des Menüs mit <Ret> auswählen, Wert eingeben und
           mit <Ret>-Taste abschließen).

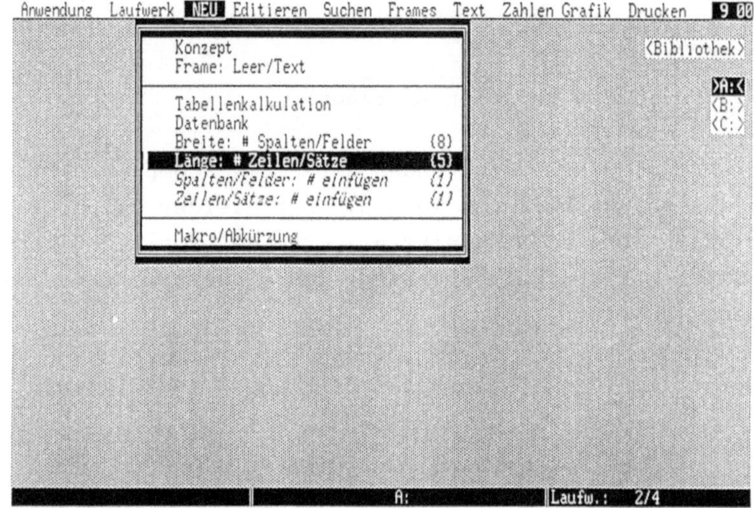

NEU: Länge: # Zeilen/Sätze   (5)

3. Schritt: "Datenbank" auswählen; die Relation ist erstellt.

Nachdem der Behälter der Daten erstellt ist, können die Struktur-
teile benannt werden:

  - der Name der Relation (auf dem Framerahmen)
  - die Namen der Datenfelder (in Zeile 0)

Damit stellt sich die Relation im Bildschirmabdruck so dar (siehe
nächste Seite):

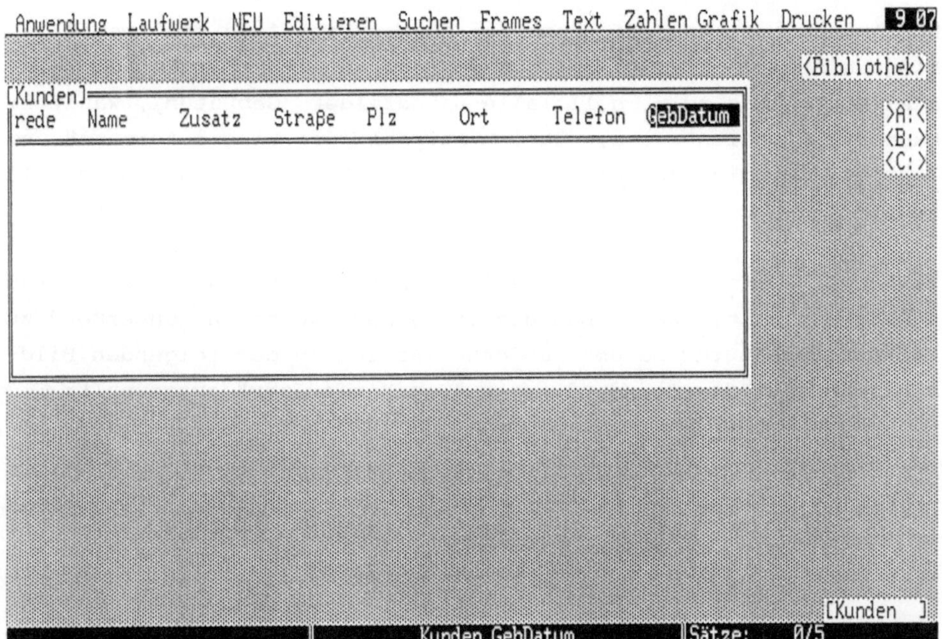

Nun können wir Daten in die Relation eintragen. Dazu positioniert
man den Cursor auf das entsprechende Datenfeld, in das ein Datum
eingetragen werden soll. Je nach (erstem) Zeichen, das man eingibt, entscheidet Framework automatisch, ob es sich um einen Text
oder um einen arithmetischen Ausdruck handelt. Wer diese Automa-
tik bei der Eingabe in ein Datenfeld abschalten will, der muß
wählen:

    - <F2> kündigt einen arithmetischen Ausdruck an
    - <Leertaste> kündigt einen Text an

Bei dem Datenfeld "GebDatum" reicht auch dieses Verfahren nicht
mehr aus. Definiert man es als Zahlen-Feld, so versucht Framework, den Ausdruck auszurechnen - scheitert aber natürlich daran. Definiert man es dagegen als Text-Feld, würde eine Sortierung
häufig nicht das gewüschte Ergebnis bringen.

Der Ausweg ist: Man definiert für dieses Datenfeld ein spezielles
Eingabeformat. Hierzu markiert man den Bereich, für den die Ein-
stellung gültig sein soll (alle Datenfelder GebDatum), wählt im
Hauptmenü "Zahlen" aus, darin "Auswahl des Eingabeformats" und
legt in dem folgenden UnterMenü den Typ "Datum" für das Datenfeld
fest.

Wenn man jetzt noch spezielle Wünsche hat, <u>wie</u> das Datum
einzugeben ist, kann man die in einem weiteren UnterMenü zu
"Eingabeformat für Datum" äußern. So ist in dem folgenden Bildschirmabdruck das Standardformat "Tag Monat Jahr" ausgewählt:

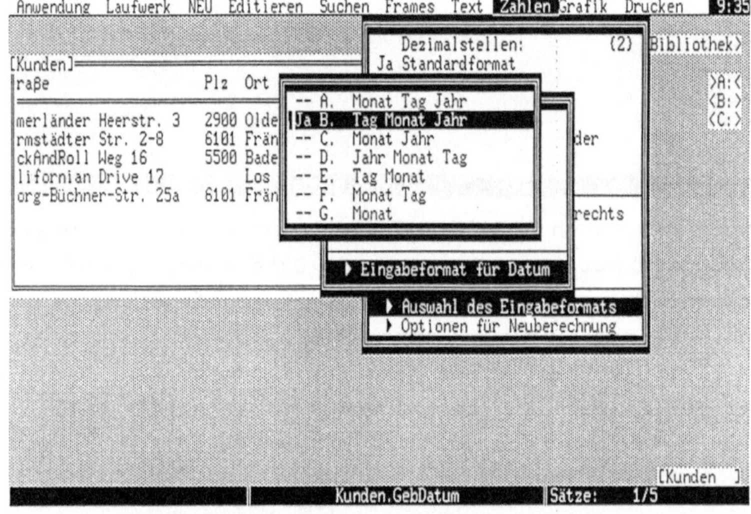

Jetzt gelingt es auch, in das Feld GebDatum Geburtdaten einzugeben (siehe nächste Seite):

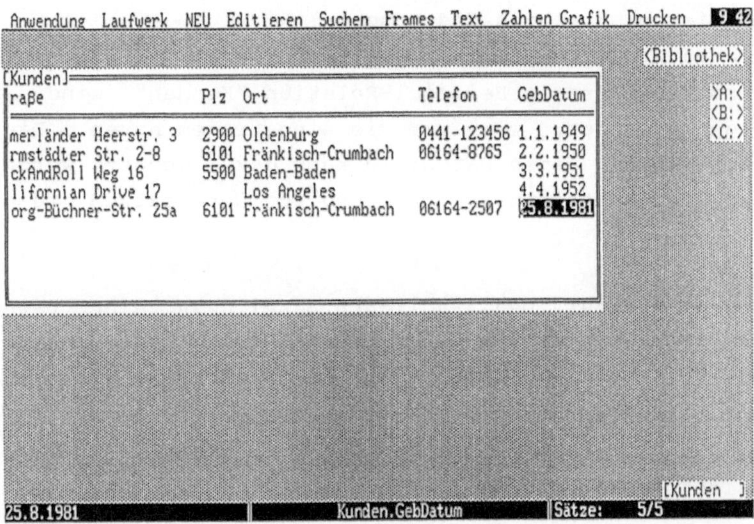

Wer parallel zur Lektüre dieses Buches alle Beispiele an einem PC
ausprobiert, hat sicherlich eine kleine Unstimmigkeit zwischen
den Bildschirm-Wiedergaben im Buch und den eigenen Resultaten
festgestellt: die Länge der einzelnen Datenfelder ist hier im
Buch nicht konstant. Sie wurde vielmehr - manuell - auf die Er-
fordernisse jedes einzelnen Datenfeldes angepaßt. Das bedeutet:
Jedes Datenfeld wird standardmäßig in einem Ausschnitt von 8 Zeichen wiedergegeben - wer mehr oder weniger möchte, muß dies einstellen.

Durch Eingabe von <F4> <Cursor rechts> , ... und dem Abschluß mit
<Ret> kann man das Datenfeld "Name" in einem Fenster beliebiger
Größe (hier: 28 Zeichen) wiedergeben. Soll ein Datenfeld verklei-
nert werden, so steht hierfür <Cursor links> zur Verfügung. Wohl
gemerkt: Bei zu kleinem Fenster geht kein Teil des Datums verloren; er wird nur nicht angezeigt.

2.3.3 Sortieren, Einfügen und Löschen

Alle Datensätze unserer Beispiel-Relation "Kunden" sind in der
Reihenfolge geordnet, wie wir sie eingetragen haben. Dies muß
nicht so bleiben. Jedes Datenfeld kann dazu benutzt werden, um
eine auf- oder absteigende Sortierung von Datensätzen zu erreichen.

Das Vorgehen hierzu: Den fraglichen Bereich zu einem Datenfeld
markieren (keine Markierung bedeutet: alle Datensätze), im
Hauptmenü "Suchen" auswählen, darin z.B. "Vorwärts (aufsteig.)
sortieren" auswählen und mit <Ret> Sortierung auslösen.

Im Bild sieht das so aus:

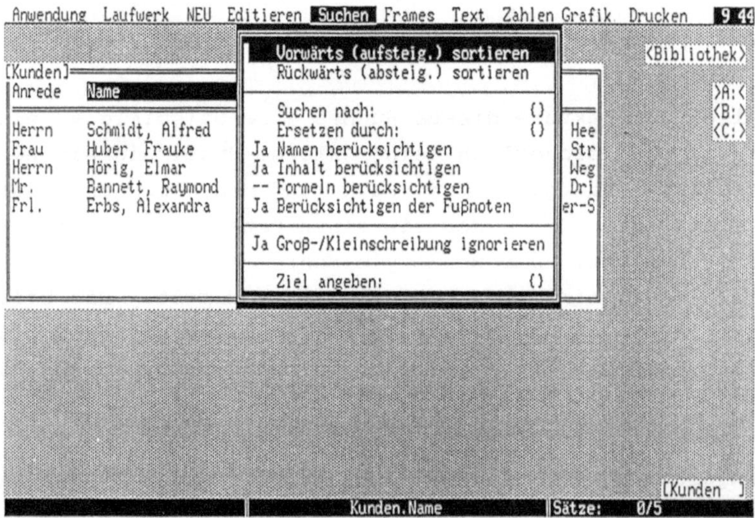

Frames/Zeilen/Sätze werden von A -> Z bzw. von kleiner -> größer sortiert

Soll nicht nur nach einem Datenfeld sondern nach mehreren sor-
tiert werden, so muß man die Sortierung in entsprechend vielen
Einzelläufen durchführen (Achtung: von hinten, d.h. vom innersten
Sortierkriterium beginnend!).

Wie immer bei der Anwendung der Datenverarbeitung stellt man häufig auch bei der Datenverwaltung fest, daß die ursprünglichen
Annahmen über die Zahl der Datenfelder und/oder die Zahl der Datensätze nicht mehr stimmen. Wie paßt man also die Struktur der
Relation der (veränderten) Realität an?

- <u>Einfügen von Sätzen/Feldern</u>

   In Abhängigkeit von der Position des Cursors werden rechts
   (bei Einfügen von Sätzen) bzw. unterhalb (bei Einfügen von
   Feldern) der aktuellen Cursorposition Sätze bzw. Felder eingefügt. Genau gesagt: Es wird Platz für die entsprechenden Teile
   vorgesehen. Wieviele Sätze bzw. Felder es sein sollen, legt
   man in Auswahl fest.

   Das Vorgehen bei 1 Zeile: Im Hauptmenü "Neu" auswählen, darin
   "Zeilen/Sätze: # einfügen" markieren, mit <Ret> auswählen, "1"
   eingeben und mit <Ret> abschließen.

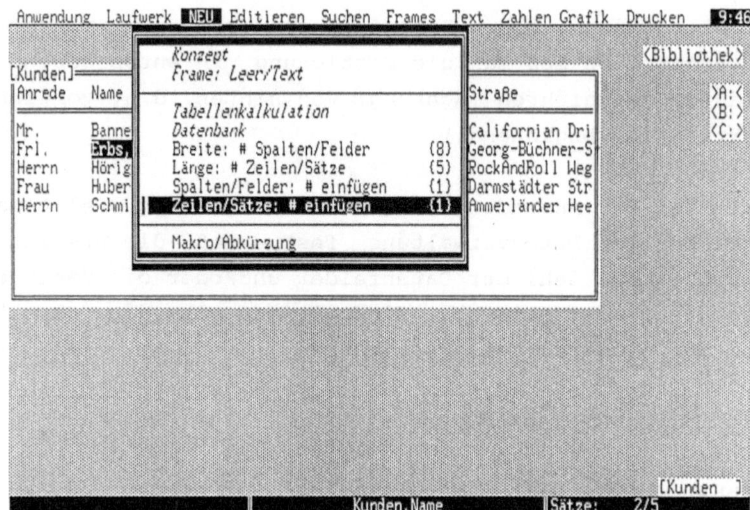

Geben Sie an, wieviele Zeilen/Sätze in die Tabelle/Datenbank einzufügen sind

NEU: Zeilen/Sätze: # einfügen   (1)

- Löschen von Sätzen/Feldern

Sollen Sätze oder Felder gelöscht werden, markiert man die betreffenden Teile der Relation und löscht sie.

Das Vorgehen bei einem Feld: Den Cursor in das betreffende Feld eines beliebigen Datensatzes stellen, im Hauptmenü "Editieren" auswählen, darin "Spalten/Felder: Entfernen" markieren und mit <Ret> den Löschvorgang auslösen. Weil mit der Löschung zu schnell Unwiederbringliches fort sein könnte, haben die Framework-Erfinder an dieser Stelle noch eine Bremse eingebaut:

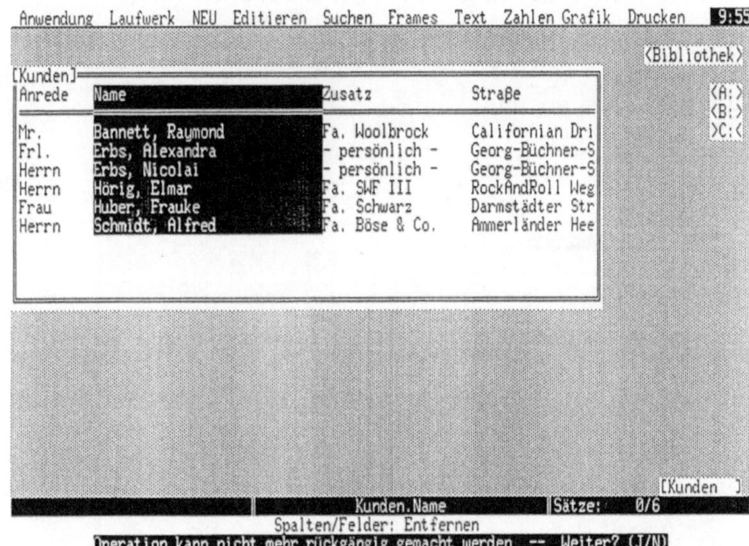

Erst nach Eingabe von "J" wird tatsächlich gelöscht.

2.3.4 Filtern

Beginnen wir mit einem neuen Beispiel. In einer Relation "Computer" sind Daten über Personal Computer gespeichert. Zu jedem PC ist verzeichnet:

Art	(Portable / **AT** / AT 386)
ASp KB	(Größe des Arbeitsspeichers in KB)
HD	(Größe der HardDisk in MB)
FD	(Anzahl der FloppyDisk-Laufwerke)
FD Zoll	(Größe der FloppyDisk in Zoll)
FD MB	(Größe der FloppyDisk in MB)
Proz.	(Prozessor-Typ)
Takt MHz	(Taktrate des Prozessors in MHz)
Preis	(in DM)

Im Bild sieht das so aus:

```
 Anwendung  Laufwerk  NEU  Editieren  Suchen  Frames  Text  Zahlen Grafik  Drucken    9 55
 Computer                ArtASp KB HD    FD    FD Zoll FD MB    MProz. Takt MHz Preis
```

Computer	Art	ASp KB	HD	FD	FD Zoll	FD MB	Proz.	Takt MHz	Preis
Abaco 16-LCD	P	1024	0	2		1,20	80286	12	4000
Bondwell BW-38	A	640	0	1	5,25	0,36	8088-2	8	1800
Bondwell BW-8S	P	512	0	1	3,50	0,72	80C88	4,77	2000
Bull Micral 15 Attache	P	640	20	1	3,50	0,72	80C88	10	7500
Bull Micral 45	A	640	20	1	5,25	1,20	80286	6	5300
Commodore PC 60/40	3	1024	40	1	5,25	1,20	80386	12	12000
Compaq Portable 386	P	1024	40	1	5,25	1,20	80386	20	17000
Conex A-XT 8088	P	640	0	1		0,36	8088	10	3700
Conex LA 20 AT	P	640	0	2	3,50	0,72	80286	10	5000
Epson PC Portable	P	640	0	2	3,50	0,72	V30	10	3600
Fortune Formula 4000	3	1024	40	1		8	MC68020	16,50	31000
FSH Turbo 15 MHz	A	1024	20	1	5,25	1,20	80286-1	15	3200
Goupil Club	P	768	0	2	3,50	0,72	80C88	4,77	5100
Goupil G5 386	3	2048	0	1		1,20	80386	16	15800
HP Portable Vectra	P	640	0	2	3,50	1,44	8086	7,16	6700
IBM PS/2 Modell 30	A	640	20	1	3,50	0,72	8086	8	5800
IBM PS/2 Modell 50	A	1024	20	1	3,50	1,40	80286	10	10000
IBM PS/2 Modell 80	3	1024	44	1	3,50	1,44	80386	20	14600
Kaypro 2000+	P	768	0	2		0,72	V20	8	7000
Kontron IR 386	3	2048	25	1	3,50	1,44	80386	20	20800
Kontron IR286	A	1024	25	1	3,50	0,72	80286	10	13300
MAI 1800	A	2662	20	1		1,20	80286	10	16400
Micromint Power AT 386	3	1024	20	1	5,25	1,20	80386	21	5300

```
                                 Computer.Computer              Sätze:    1/58
```

Will man aus einer Relation bestimmte Datensätze auswählen, so
kann man dies entweder mit Hilfe der Such-Funktion (zu finden
unter "suchen" im Hauptmenü) oder mit Hilfe des "Filterns" machen. "Filtern" bedeutet: Der gesamte Datenbestand wird auf diejenigen Datensätze reduziert, die einer vorgegebenen Filter-
Formel genügen.

Ein Beispiel: Aus der Relation "Computer" sollen diejenigen Computer ausgewählt werden, die weniger als 3000 DM kosten. Das Vorgehen: Cursor auf den Frame-Rahmen stellen, <F2>-Taste drücken
und Filter-Formel "Preis < 3000" eingeben. Vor Drücken der
<Ret>-Taste sieht der Bildschirm so aus:

```
Anwendung Laufwerk NEU Editieren Suchen Frames Text Zahlen Grafik Drucken ▓▓ ▓▓
                                                              <Bibliothek>
[Computer]                                               ·    >A:<
Computer            ArtASp KB HD   FD   FD Zoll FD MB   MProz. Ta   <B:>
                                                                    <C:>
Abaco 16-LCD        P   1024   0    2                1,20 80286
Bondwell BW-38      A    640   0    1    5,25        0,36 8088-2
Bondwell BW-8S      P    512   0    1    3,50        0,72 80C88
Bull Micral 15 Attache P 640  20    1    3,50        0,72 80C88
Bull Micral 45      A    640  20    1    5,25        1,20 80286
Commodore PC 60/40  3   1024  40    1    5,25        1,20 80386
Compaq Portable 386 P   1024  40    1    5,25        1,20 80386
Conex A-XT 8088     P    640   0    1                0,36 8088
Conex LA 20 AT      P    640   0    2    3,50        0,72 80286




                                                              [Kunden  ]
                                                              [Computer]
                          Computer         Zeich:  12/1
Preis < 3000█
    Formel/Zahl bearbeiten  --  Abschließen mit RETURN
```

Mit Auslösen der <Ret>-Taste wird der Datenbestand auf die Datensätze reduziert, die der Filter-Formel genügen. Das Resultat ist:

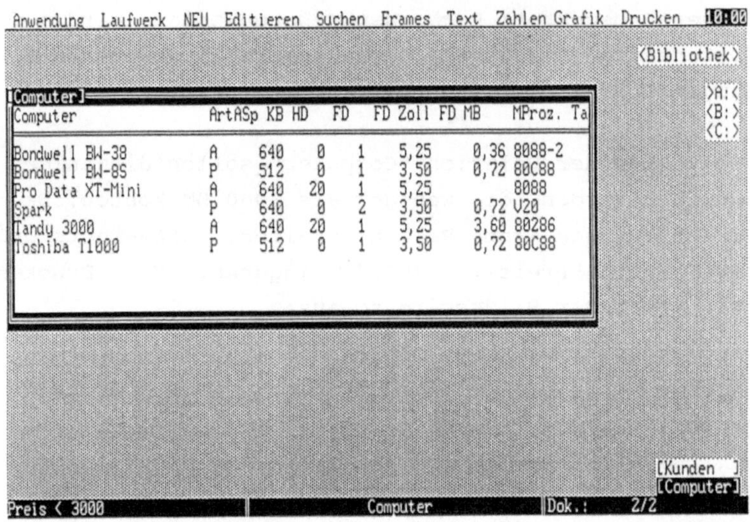

Eine Filter-Formel besteht im einfachsten Fall aus einem Feldnamen der Relation, einem Vergleichsoperator (=, >, <, >=, <=, <>) und einem Wert. Sollen in einer Filter-Formel mehrere Bedingungen gleichzeitig erfüllt werden, so muß man sie als FRED-Funktion (@AND, @OR) eingeben; hierzu später mehr.

Und noch eins: Diejenigen Datensätze, die nach dem Filtern nicht mehr angezeigt werden, sind nicht gelöscht. Sie sind nur nicht im aktuellen Arbeitsteil der Relation enthalten. Sollen sie wiederhergestellt werden, so ist lediglich die Eingabe der leeren Filter-Formel nötig. Wer's eleganter mag, der schlage den offiziellen Weg über Hauptauswahl "Frames" und darin "öffne alle" ein.

2.3.5 Text und Daten: Direktes Einfügen

Nehmen wir an, Herr Schmidt hat unsere Firma ComputerPartner um ein Angebot über Computer unter 3000 DM gebeten. Nehmen wir weiter an, die Fa. ComputerPartner will Herrn Schmidt schreiben, welche Computer sie ihm anbieten kann. Dann liegt es nahe,

(1) mit Hilfe der Textverarbeitung den Brief zu verfassen,
(2) mit der Datenverwaltung die entsprechenden Computer-Daten zu erzeugen und
(3) das Ergebnis aus (2) in (1) einzufügen.

Also schreiben wir zunächst den ersten Teil des Briefes:

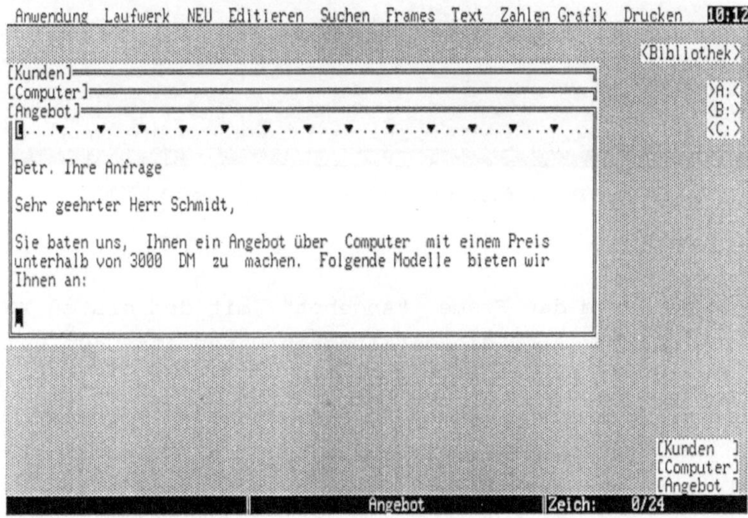

Beachten Sie in diesem Bildschirmabdruck besonders die Anzeige des Dokumentenstapels rechts unten auf dem Bildschirm!

Wir rufen nun den Frame "Computer" auf, filtern aus dem Datenbestand diejenigen Computer heraus, deren Preis unter 3000 DM liegt (siehe Kapitel 2.2.3) und markieren diese Datensätze zum Kopieren.

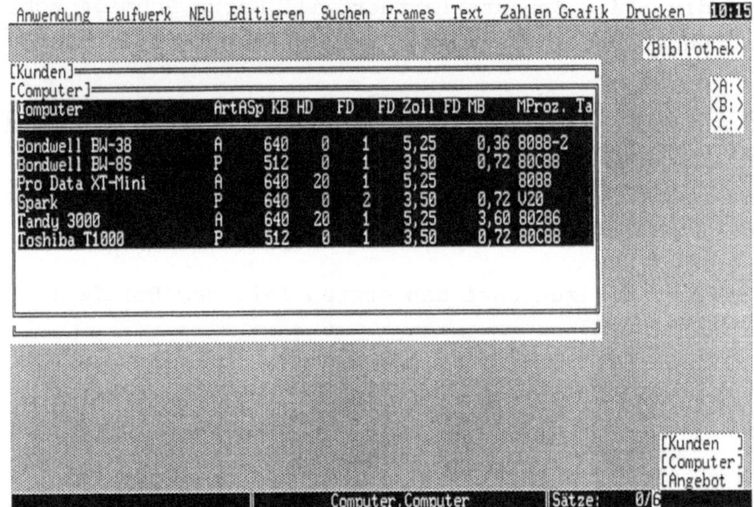

Wir rufen wiederum den Frame "Angebot" mit dem ersten Teil des Briefes auf und kopieren die gefilterten Datensätze aus dem Frame "Computer" in den Brief. Weil damit aber eine Reihe interner Daten in dem Brief an den Kunden Schmidt stehen, "dünnen" wir den kopierten Auszug aus der Relation aus - da er nun in Textform vorliegt, kann er auchbeliebig weiterverarbeitet werden. Flugs noch einige Schlußzeilen daruntergesetzt und fertig ist das Angebot.

Und so sieht der fertige Brief im Ausdruck aus:

Fa. ComputerPartner   Darmstadt, 28. März 1989

Herrn
Alfred Schmidt
Fa. Böse & Co.
Ammerländer Heerstr. 3

2900 Oldenburg

Betr. Ihre Anfrage

Sehr geehrter Herr Schmidt,

Sie baten uns, Ihnen ein Angebot über Computer mit einem Preis
unterhalb von 3000 DM zu machen. Folgende Modelle bieten wir
Ihnen an:

                    Computer   Preis

                    Bondwell BW-38   1800 DM
                    Bondwell BW-8S   2000 DM
                    Pro Data XT-Mini   2000 DM
                    Spark   2700 DM
                    Tandy 3000   2900 DM
                    Toshiba T1000   2800 DM

Ihrem Auftrag sehen wir mit Interesse entgegen.

Mit freundlichen Grüßen

(Robert Wagner)

2.3.6 Daten und Text: Serienbriefe

Nachdem die Fa. ComputerPartner das Angebot für Herrn Schmidt fertiggestellt hat (siehe Kapitel 2.3.5), entschied sie, aus dem Spezial-Angebot für Herrn Schmidt ein allgemeines Angebot für alle Kunden zu machen. Zu diesem Zweck

(1) ändert sie mit Hilfe der <u>Textverarbeitung</u> den Spezial-Brief ab (ersetzt direkte in indirekte Adress-Verweise),

(2) wählt mit der <u>Datenverwaltung</u> die entsprechenden Kunden-Datensätze aus und

(3) <u>mischt</u> (1) und (2) als Serienbriefe zusammen.

Betrachten wir diesen Vorgang genauer. Im Angebotsschreiben sind Verweise auf Datenfelder einer Relation anzugeben, z.B. <Name> als Platzhalter für den Namen:

```
Anwendung Laufwerk NEU Editieren Suchen Frames Text Zahlen Grafik Drucken  10:03
[....▼....▼....▼....▼..█.▼....▼....▼....▼....▼....▼....▼....]....▼....▼....▼....▼....
Fa. ComputerPartner        █              Darmstadt, 28. März 1989



<Anrede>
<Name>
<Zusatz>
<Straße>

<Plz> <Ort>



Betr. Unser Frühjahrsangebot: Computer unter 3000 DM!

Sehr geehrte(r) <Anrede> <Name>,

wir freuen uns, Ihnen ein Angebot über Computer mit  einem Preis
unterhalb von 3000  DM  zu  machen. Folgende Modelle  bieten wir
Ihnen an:

                              Angebot2         Zeich:   23/1
```

Jeder (ggf. gefilterte) Datensatz der ausgewählten Relation für die Serienbriefe wird nun benutzt, um einen Brief zu erstellen. Man hätte sich als Anwender gewünscht, daß dies wie das normale Drucken auch im Drucken-Menü veranlaßt wird - die Framework-Erfinder wollten es anders: Aus dem Hauptmenü "Anwendung" auswählen, darin "Text mischen mit" auswählen und den Namen der Relation für die Serienbrief-Erstellung eingeben. Das Resultat ist:

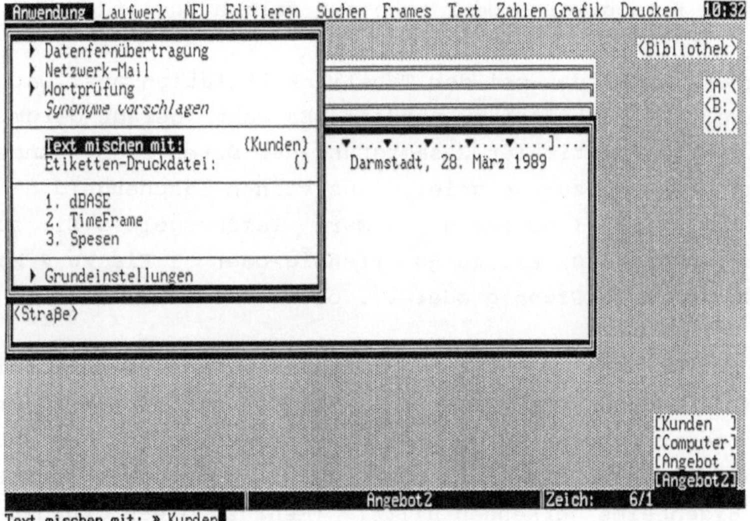

Will man sich vor Ausdruck auf einem Drucker die Serienbriefe zuvor am Bildschirm ansehen, muß man sie in eine Datei ausgeben. Das Verfahren: Hauptauswahl "Drucken" auswählen, darin "Ziel der Ausgabe" auswählen, im Untermenü "Textdatei für DOS" auswählen und mit <Ret> auf "Ja" einstellen. Ab sofort werden Serienbriefe nicht mehr am Drucker ausgegeben.

2.4   Daten auf die Reihe gebracht

2.4.1 Was ist Tabellenkalkulation?

Mit der Textverarbeitung und der Datenverwaltung haben Sie nun
Hilfsmittel kennengelernt, mit denen Sie Daten anordnen können -
sei es in einem formlosen Brief oder in einer formatierten
"Datenbank". Jede Veränderung ist immer eine Korrektur der Daten
- weil sie falsch waren oder auch nur falsch angeordnet.

Ganz anders sieht das bei der Tabellenkalkulation aus: Daten sind
hier dazu da, verändert zu werden. Es geht gerade darum, durch
Variation einen optimalen Gesamtstand der Daten zu bekommen. Jedes Kind versucht zum Beispiel, aus seinem Taschengeld das Optimum zu machen: soll es für die 5 Mark Taschengeld 5 Eis zu einer
Mark kaufen oder 10 Eis zu 50 Pfennig oder 1 Eis zu 2 Mark und
30 Lutscher zu 10 Pfennig oder ... oder?

So weit ist der Weg dann nicht mehr zu   einer komplexen
Personal- und Materialsteuerung, bei der ein Optimum für einen
Betrieb herauszuholen ist. Oder eine Anwendung für den Bauwilli-
gen, der Finanzierungsplan, der ihm die günstigste Finanzierung
seines Eigenheims erkennen hilft. (Mehr zu dieser Aufgabenstellung im nächsten Abschnitt!)

Allen diesen Aufgabenstellungen gemeinsam ist:

   - es gibt eine Menge von <u>unabhängigen</u> Daten; sie können von
     einem Rechengang zum anderen variiert werden und

   - es gibt eine Menge von <u>abhängigen</u> Daten; ihre Definition
     bleibt auch bei verschiedenen Rechengängen dieselbe.

Soll zum Beispiel zu einem gegebenen Flächeninhalt der minimale Umfang gefunden werden, ist bei einem experimentellen Vorgehen mit Hilfe der Tabellenkalkulation

- der Flächeninhalt ein unabhängiges Datum, das außerdem über alle Rechengänge konstant bleibt,

- die Seitenlänge a ein unabhängiges Datum, das in den Rechengängen verändert wird,

- die Seitenlänge b ein abhängiges Datum, das aus dem Flächeninhalt und der Seitenlänge a errechnet wird und

- der Umfang ein abhängiges Datum, das aus den Seitenlängen a und b errechnet wird.

Typisch an diesem Vorgehen ist, daß man den direkten (mathematischen) Zusammenhang zwischen den Daten und der Lösung nicht kennt, wohl aber die einzelnen Zusammenhänge zwischen den Daten. Alle unabhängigen Daten sind dann wie Schrauben eines Mechanismus, dessen Funktionsweise man nicht überschaut und deshalb durch das Drehen an einzelnen Schrauben und Beobachten der abhängigen Daten die Veränderungen feststellt.

(Alle Mathematiker mögen uns verzeihen, daß wir ein Beispiel gewählt haben, für das eine zudem offensichtliche geschlossene Lösung existiert und damit ein experimentelles Vorgehen nicht nötig erscheint ...)

2.4.2 Ein einfaches Kalkulationsblatt

Eine typische Aufgabe für eine Tabellenkalkulation ist, einen
Finanzierungsplan aufzustellen. Jeder, der ein Eigenheim bauen
will, kennt diese Aufgabenstellung. Er hat zu tun mit:

- dem Eigenkapital   (unabhängiges Datum; konst.)
- dem Bausparguthaben   (unabhängiges Datum; konst.)
- dem Bank- und Bauspardarlehen   (abhängige Daten)
- den Grundstücks- und Baukosten   (unabhängige Daten; variabel)
- den Tilgungs- und Zinssätzen
  von Bausparkasse und Bank   (unabhängige Daten; variabel)
- der monatlichen Belastung   (abhängige Daten)
- der Dauer der Rückzahlung   (abhängige Daten)
- diversen Summen   (abhängige Daten)

Nun zum Formalen: Wie teilt man Framework die unabhängigen und
abhängigen Daten mit?

Jedes Datum (und damit auch jeder Text) wird in eine sogenannte
Zelle eines Kalkulationsblattes eingetragen. Alle Zellen sind
über Spalten- und Zeilenkoordinate ansprechbar (wichtig für die
abhängigen Daten!).

	A	B	C	D
1				
2		Hallo		
3				56
4				

In diesem Beispiel ist der Text "Hallo" in der Zelle B2 und die
Zahl 56 in der Zelle D3 eingetragen.

Ein Kalkulationsblatt erzeugt man, indem man

- im Hauptmenü "NEU" auswählt,
- die Anzahl der Spalten und Zeilen des Kalkulationsblattes festlegt und
- über "Tabellenkalkulation" einen derart definierten Frame erzeugt.

Ein Kalkulationsblatt füllt man mit Daten, indem man

- alle Textteile (wie z.B. Überschriften, Datenerläuterungen, Trennzeilen),
- alle unabhängigen Daten als (Zahl-)Konstante und
- alle abhängigen Daten als Formel bzw. Ausdruck in die jeweilige Zelle einträgt.

So kann dann ein Baufinanzierungs-Kalkulationsblatt aussehen:

```
Anwendung Laufwerk NEU Editieren Suchen Frames Text Zahlen Grafik Drucken  15 37
             A                    B       C         D                E
 1  Finanzierungsplan
 2
 3
 4  ──────────── Eigenkapital ────────────    ──────────── Kosten ────────────
 5  div. Quellen            100.000,00 DM  Grundstück          100.000,00 DM
 6  Guthaben Bausparen       54.000,00 DM  Erstellung Haus     300.000,00 DM
 7  Summe                   154.000,00 DM  Summe               400.000,00 DM
 8
 9  ──────────── Bausparen ────────────    ──────────── Bank ────────────
10  Vertragssumme           120.000,00 DM  Darlehen            180.000,00 DM
11  Darlehen                 66.000,00 DM
12
13  Tilgung  (monatl.)            0,10%  Tilgung  (jährl.)          1,00%
14  Zinssatz (monatl.)            0,50%  Zinssatz (jährl.)          8,00%
15
16  ──────────── monatliche Belastung ────────────
17  Anteil Bausparen            720,00 DM  10 Jahre / 3 Monate
18  Anteil Bank               1.350,00 DM  27 Jahre / 7 Monate
19
20  Summe                     2.070,00 DM

 B17 + B18                     BauFinanzierung.B20        Zelle:   2/20
```

Was ist darin in den einzelnen Zellen eingetragen?

Zelle	Inhalt/Eingabe	Datentyp/Ausgabeform
A1	Finanzierungsplan	Text
...		
A9	--- Bausparen ---	Text (!)
...		
B5	100000	Währungsformat
B6	54000	Währungsformat
B7	B5+B6	Formel
...		
B10	120000	Währungsformat
B11	B10-B6	Formel
B12		
B13	.01	Prozent
B14	.05	Prozent
...		
B17	B10*(B13+B14)	Formel
B18	E10*(E13+E14)/12	Formel
B19		
B20	B17+B18	Formel
...		

Nicht in allen Details entspricht dieses Kalkulationsblatt der
Standard-Vorgabe; damit er leicht lesbar ist, sind einige Zellen
in ihrer "Präsentation" verändert (nicht im Inhalt!). Wichtige
Maßnahmen zur individuellen Anpassung sind:

- Wird ein Datum nicht vollständig im Zellen-Fenster wiedergegeben, paßt man das Fenster mit der <F4>-Taste an.

- Soll nicht das Standardformat für Texte und Zahlen verwendet
  werden, legt man über "Zahlen ein Spezialformat fest (nötig
  insbesondere für Datums- oder Prozentangaben).

Allgemein gilt zur Festlegung von Formeln:

- Konstanten, Zellen-Bezüge, FRED-Funktionen können im Prinzip beliebig kombiniert werden.

- Als arithmetische Operatoren können verwendet werden:
        +   (Addition)
        -    (Subtraktion)
        *   (Multiplikation)
        /   (Division)

- Ausdrücke werden nach der Regel "Punktrechnung geht vor Strichrechnung" ausgewertet. Soll von dieser Regel abgewichen werden, muß geklammert werden.

- Durchgehende Bereiche von Zellen können so angegeben werden:
        <Zelle> : <Zelle>
  So kann man z.B. mit der FRED-Funktion "@Sum (B6:G6)" einfacher und sicherer "B6+C6+D6+E6+F6+G6" auswerten! Und: Wer die Zellenkoordinaten nicht berechnen möchte, der kann beim Eintragen einer Formel mit den Cursor-Positionierungstasten auf die entsprechenden Zellen (auch in anderen Frames!) zeigen; die Koordinaten trägt Framework automatisch ein.

Wenn man - wie zum Beispiel bei Finanzierungsplänen möglich - mehrere Varianten nebeneinander anlegen will, braucht man nun nicht jede Zelle manuell definieren, sondern kann auch hierfür den Kopiermechanismus von Framework nutzen. Erwünschte Nebenwirkung innerhalb der Tabellenkalkulation ist: Alle Bezüge auf Zellen werden in den Kopien automatisch angepaßt! Will man diesen Automatismus abschalten, so muß man die Spalten- oder Zeilenangabe der entsprechenden Zelle(n) mit einem Dollarzeichen "$" versehen.

2.4.3 Daten und Tabellenkalkulation

Häufig hat man mit vielen Daten zu tun, von denen bestimmte Teile
ausgewertet werden sollen. So sollen die Wahlergebnisse der hessischen Kommunalwahlen 1989 im Odenwaldkreis zusammen mit denen
der Wahl von 1985 gespeichert werden - eine Aufgabe für die Datenverwaltung:

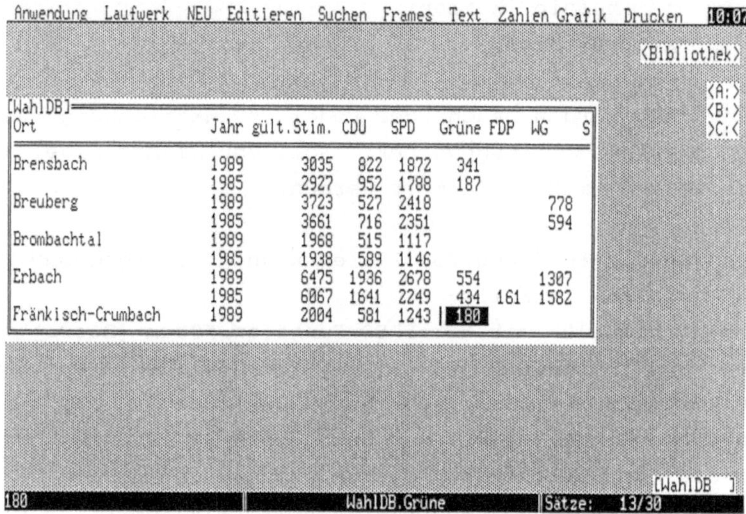

Will man z.B. für die Gemeinde Fränkisch-Crumbach feststellen,
welche prozentualen Anteile der gültigen Stimmen die einzelnen
Parteien und Wählergemeinschaften erhalten haben und welche Veränderungen sich im Vergleich der Wahlen 1985 und 1989 als sogenannte Gewinn- und Verlustrechnung ergeben haben, muß man die
(Roh-)Daten aus der Datenverwaltung in ein Kalkulationsblatt
übertragen. Auch dies läßt sich mit dem normalen Kopiermechanismus von Framework erledigen.

Zuvor müssen wir ein Kalkulationsblatt anlegen:
- Benötigt wird ein Blatt mit 9 Spalten und 14 Zeilen.
- In einigen Zellen tragen wir Erläuterungen ein.
- In folgende Zellen tragen wir zur Berechnung abhängiger
  Größen Formeln ein:

    B10   B4

    B11   B5

    D10   D4/C4 in Prozent

    ...

    C13   C4-C5

    ...

    D14   D10-D11

Kopieren wir nun die Ergebnisse der Gemeinde Fränkisch-Crumbach
in dieses Kalkulationsblatt, so werden alle abhängigen Daten errechnet. Ein Beispielabdruck des Bildschirms:

```
Anwendung  Laufwerk  NEU  Editieren  Suchen  Frames  Text  Zahlen Grafik  Drucken   10:44
              A                B       C      D      E    F     G    H    I
 1  Ort                       Jahr gült.Stim.   CDU    SPD Grüne  FDP    WG Sonstige
 2  ---------------------------------------------------------------------------------
 3
 4  Fränkisch-Crumbach        1989    2004   581  1243   180
 5  ████████████████          1985    1930   512  1305   113
 6
 7  ---------------------------------------------------------------------------------
 8
 9  Auswertung:
10                            1989          28,99% 62,03% 8,98% 0,00% 0,00%    0,00%
11                            1985          26,53% 67,62% 5,85% 0,00% 0,00%    0,00%
12
13          Veränderung abs.:         74    69   -62    67     0     0        0
14          Veränderung in %:              2,46% -5,59% 3,13% 0,00% 0,00%    0,00%
```

2.5   Daten anschaulich gemacht

2.5.1 Was ist Business-Grafik?

Ein Bild sagt mehr als tausend Worte:

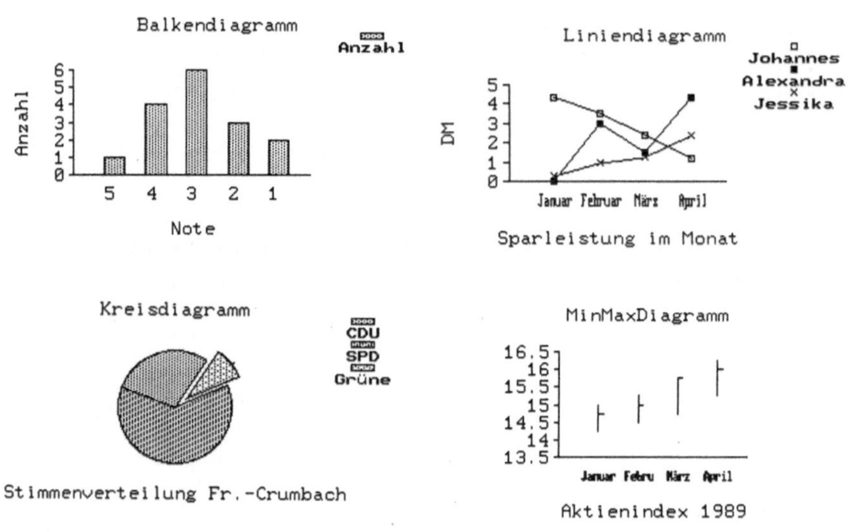

Bei der Grafik - genauer: bei der Business-Grafik - sollen Daten
so dargestellt werden, daß sie vom Menschen leicht erfaßt werden
können. Klassische Beispiele sind Häufigkeitsverteilungen als
Säulendiagramme oder auch Kreisausschnitte sowie Zusammenhänge
zweier Variablen in sogenannten X-Y-Diagrammen. Ausgangspunkt
aller Business-Grafiken sind immer Datensammlungen, vorzugsweise
in Blättern der Tabellenkalkulation.

2.5.2 Tabellenkalkulation und Grafik

In Kapitel 2.4.3 haben wir Daten aus der hessischen Kommunalwahl
1989 in einem Kalkulationsblatt verwendet, um u.a. die Veränderungen zur Wahl 1985 errechnen zu lassen. Diese Veränderungen -
als Gewinn- und Verlustrechnung - wollen wir jetzt in einer Grafik darstellen. Im einzelnen ist zu tun:

  - Die Daten, die grafisch dargestellt werden sollen, sind zu
    markieren; hier die Zellen C13 bis I13 im Kalkulationsblatt.

  - Aus dem Hauptmenü ist "Grafik" auszuwählen. Darin ist der
    Typ der gewünschten Grafik zu bestimmen; hier "Balken neben-
    einander".

Dies sieht auf dem Bildschirm so aus:

Grafische Darstellung der Werte in markierten Zellen/Feldern

Löst man die ausgewählte Aktion "Neue Grafik erstellen" aus,
fragt Framework nur noch, in welchen Frame die Grafik gebracht
werden soll. Es bietet sich an, hierfür einen Textframe <u>mit Namen</u>
vorbereitet zu haben, da dieser Name zugleich als Überschrift in
die Grafik übernommen wird. Dies zeigt sich auch in unserem Beispiel:

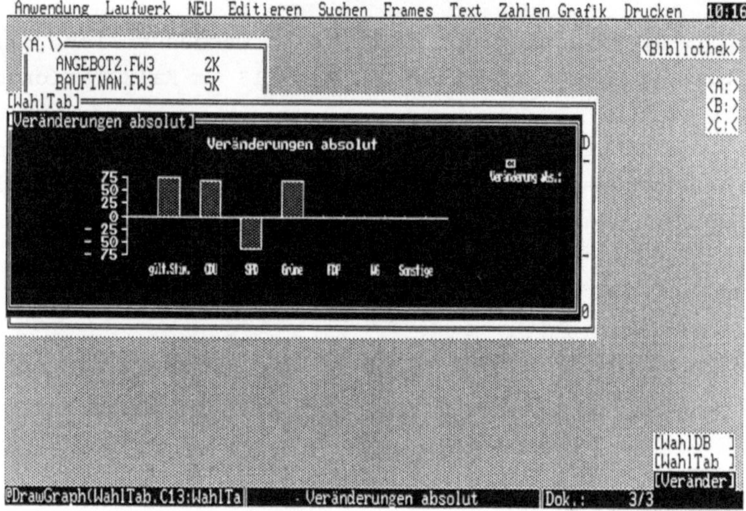

Wenn Ihnen eine von Framework automatisch generierte Grafik nicht
gefällt, können Sie sie variieren. So kann man z.B.:

  - Über "Optionen" die Beschriftung der Achsen und die Skalie-
    rung manuell festlegen. Letzteres ist besonders wichtig,
    wenn man mehrere Grafiken zusammenführen, d.h. "überlagern"
    will.

  - die X-Y-Richtung vertauschen.

2.5.3 Datenverwaltung und Grafik

Die gute Nachricht zuerst: Auch die Daten einer Relation kann Framework grafisch darstellen. Und nun die schlechte Nachricht: Diese Grafikausgabe ist wesentlich weniger elegant und flexibel.

So geht's:

- Falls die Relation Datenfelder enthält, die nicht in die Grafik übernommen werden sollen, müssen sie eine "passende" Relation erzeugen und - teilweise - kopieren.

- Filtern Sie diejenigen Datensätze heraus, die grafisch dargestellt werden sollen.

- Erzeugen Sie Ihre gewünschte Grafik. Dabei ist es gleichgültig, welche Teile Ihrer Relation Sie markiert haben; in der Grafik werden stets sämtliche Daten <u>des Arbeitssatzes</u> der Relation dargestellt.

Weil dieses Vorgehen so mühsam und wenig flexibel ist, empfehlen wir den (kleinen) Umweg über die Tabellenkalkulation!

2.6   Mit Konzept geht alles besser

2.6.1 Was ist ein Konzept?

Ein Konzept ist eine - formale - Absichtserklärung, bestimmte
Dinge zu tun.   Auf Framework übertragen bedeutet dies, eine Absichtserklärung über die (logische) Struktur eines Textes oder
einer Zusammenfassung ganz verschiedener Objekte abzugeben. Das
kann bedeuten:

- Bevor man den Text eines Schreibens oder eines ganzen Buches
  verfaßt, denkt man sich die Gliederung des Textes aus. Ganz
  im Sinne der Strukturierten Programmierung zerlegt man seine
  Absicht, z. B. einen Artikel zu verfassen, in immer kleinere
  (Teil-)Artikel bis hin auf die Ebene des einzelnen Textes
  (innerhalb eines Text-Frames). "Brainstorming" mit dem Computer wird damit möglich!

- Will man Frames mit durchaus unterschiedlichen Inhalten
  und/oder unterschiedlicher Struktur unter einem Oberbegriff
  zusammenfassen, kann man sie - auch nachträglich - in einem
  einzigen Konzept zusammenfassen - wie einen "Container".
  Dies ist vergleichbar mit der Anordung von Dateien unter
  MS-DOS in den Verzeichnissen.

- Soll z.B. eine Grafik in einem Text eingefügt werden, so
  läßt Framework die Übernahme der Grafik unmittelbar in den
  Text nicht zu. Abhilfe schafft die Anordnung der Teile in
  einem Konzept. Ein Beispiel hierzu zeigt Kapitel 2.6.3.

- Hat man den gesamten Text innerhalb eines Konzeptes erstellt, hat Framework - auf Wunsch - die Gliederung um Sei-
  tenzahlen ergänzt. So ist automatisch ein passendes Inhaltsverzeichnis entstanden!

2.6.2 Wie man ein Konzept anlegt

Gehen wir von der Absicht aus, alle Briefe innerhalb eines Konzeptes anzulegen. Hierzu legen wir zunächst einen Konzept-Frame
an:

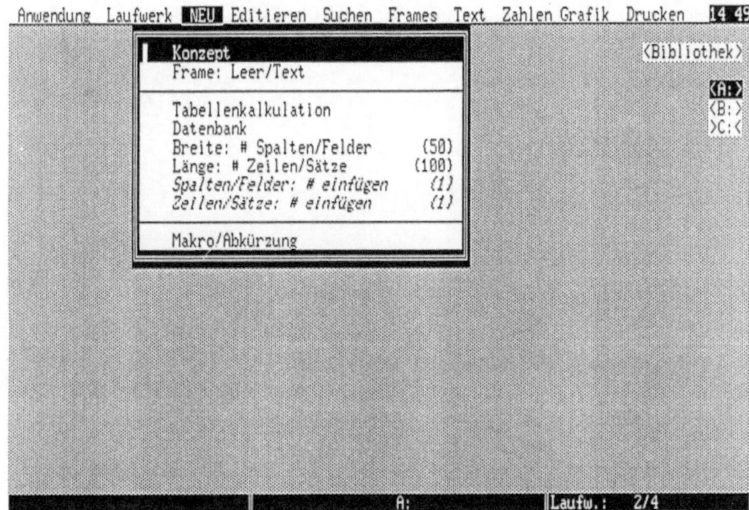

Frame und seine Unter-Frames werden als Konzept angelegt

Voreinstellungen, wie z.B. bei Datenbank- oder Tabellenkalkulations-Frames, etwa über die Gliederungstiefe sind nicht nötig
(und auch - noch - nicht möglich). Damit wird uns ein Konzept-
Frame mit drei Gliederungspunkten angelegt, die seinerseits wieder in drei Unterpunkten gegliedert sind.

Zu beachten ist dabei das Dreieck vor den Gliederungspunkten der
ersten Stufe: Es deutet an, daß es sich hierbei lediglich um
Gliederungsstufen (sogenannte Container-Frames) handelt und nicht
um inhaltlich zu nutzende Frames (automatisch erzeugt Framework
in der untersten Gliederungsstufe Leer/Text-Frames).

Sowohl das Konzept als auch die einzelnen Gliederungspunkte erhalten Namen. Die Unterpunkte des Container-Frames "Für Elise"
benennen wir mit "Kopf", "Mittelteil" und "Schluss". Im Bild
sieht das dann so aus:

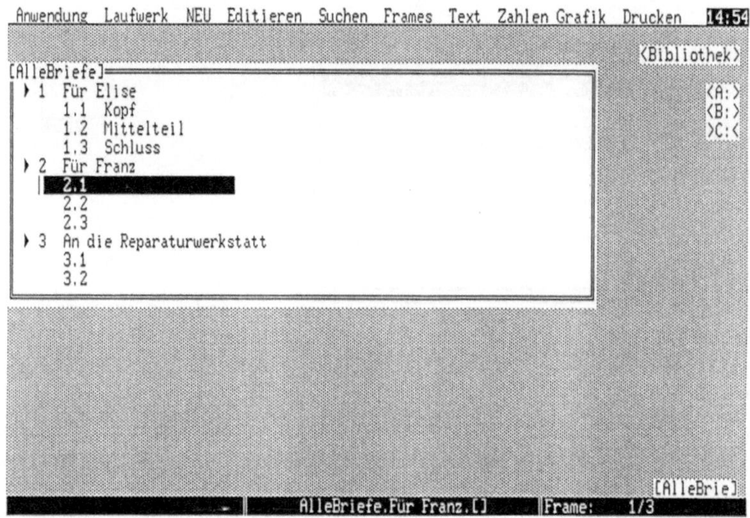

Will man nicht nur die Gliederungspunkte benennen, sondern die
Gliederung selber verändern, so kann man das folgendermaßen tun:

- Einen <u>weiteren</u> Gliederungspunkt <u>derselben Stufe</u>, auf der
  sich der Cursor befindet, richtet man ein, indem man einen
  neuen Leer/Text-Frame erzeugt.

- Gliederungspunkte <u>der nächst tieferen Stufe</u>, auf der sich
  der Cursor befindet, richtet man ein, indem man einen neuen
  Konzept-Frame erzeugt.

- Einen Gliederungspunkt <u>löscht</u> man, indem man den Cursor auf den Punkt stellt und die <Del>-Taste benutzt. Achtung: Handelt es sich dabei um einen Konzept-Frame, löscht man automatisch alle darin angeordneten Frames!

- Alle weiteren, bekannten Mechanismen zum <u>Markieren, Verschieben und Kopieren</u> von Objekten lassen sich genauso auf Frames in Konzepten anwenden.

- Wem die <u>Numerierung der Gliederung</u> nicht zusagt, kann sich eine andere oder auch garkeine bestellen. Die Auswahl erfolgt über "Frames" im Hauptmenü.

Zum Ausdrucken von Konzept-Frames ist noch etwas zu sagen:

- Mit der <F10>-Taste wechselt man zwischen der Darstellung der Gliederung und den Inhalten. Was am Bildschirm dargestellt wird, wird auch ausgedruckt.

- Nur die markierten Frames werden ausgedruckt.

- Mit der <Ret>-Taste kann man Frames öffnen und schließen. Über das Druck-Menü läßt sich steuern, ob alle Frames des markierten Bereichs gedruckt werden sollen oder nur die geöffneten.

2.6.3 Zum Beispiel: Ein Brief mit Grafik

Als abschließendes Beispiel wollen wir ein Konzept anlegen, in
dem

- logisch zusammengehörende Frames zur hessischen Kommunalwahl
  1989, nämlich
    .. die Wahlergebnisse in der "Datenbank"
    .. das Kalkulationsblatt
    .. eine Grafik über die Gewinn- und Verlustrechnung für
       Fränkisch-Crumbach

- drucktechnisch zusammengehörende Frames zu einem Brief an
  Franz K.
    .. den Kopf des Briefes (als Text-Frame)
    .. die Grafik
    .. den Schluß des Briefes (als Text-Frame)

zusammengefaßt sind. Hierzu

- erzeugen wir ein Konzept "KommWahl", löschen darin alle
  Gliederungspunkte und beseitigen die Numerierung,

- kopieren die Frames "WahlDB", "WahlTab" und "Veränderungen
  Fränkisch-Crumbach" in das Konzept und

- legen wir ein Konzept "Brief an Franz K." mit zwei Gliederungspunkten "Kopf" und "Schluß" im Konzept "KommWahl" zum
  Entwurf des Briefes an Franz K. an.

Ein Bildschirmabdruck gibt das Resultat wieder:

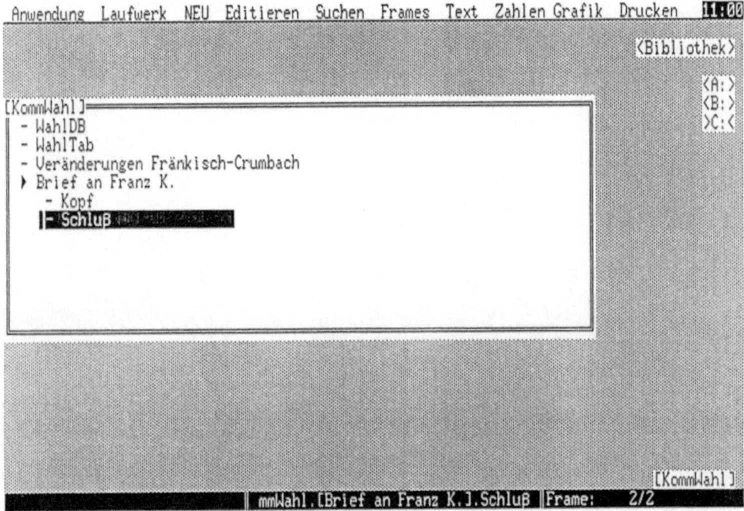

Die nächsten Schritte sind:

- Wir verfassen den Text "Kopf" und fügen darin Daten aus der
  Datenverwaltung ein,

- verfassen den Text "Schluß" und

- kopieren den Frame "Veränderungen Fränkisch-Crumbach" in das
  Konzept "Brief an Franz K.".

Die Bildschirmabdrucke der folgenden Seite geben ausschnittsweise
die Inhalte der beiden Text-Frames wieder:

<u>Anwendung Laufwerk NEU Editieren Suchen Frames Text Zahlen Grafik Drucken</u> **11:08**
[....▼....▼....▼....▼....▼....▼....▼....▼....▼....▼....▼.▪..▼....]....▼....▼....▼....▼....

Herrn

Franz K.
Odenwaldweg 7

6126 Brombachtal

Lieber Franz,

ich weiß, daß Du schon ganz begierig auf die Ergebnisse der
Gemeindewahl in unserem Ort wartest. Hier sind sie:

Jahr gült.Stim. CDU   SPD   Grüne FDP WG   Sonstige

1989   2004 581 1243   180
1985   1930 512 1305   113

Was ich von diesem Ergebnis halte, weißt Du. Sehr interessant
sind die Veränderungen der Stimmenzahlen in einer Grafik:▪

KommWahl.[Brief an Franz K.].Kopf ‖Zeich: 57/28

<u>Anwendung Laufwerk NEU Editieren Suchen Frames Text Zahlen Grafik Drucken</u> **11:12**
[....▼....▼....▼..▪▼....▼....▼....▼....▼....▼....▼....▼....]....▼....▼....▼....▼....
Wie das Bild in vier Jahren aussieht, läßt sich natürlich heute
noch nicht absehen. Spätestens dann melde ich mich aber wieder
bei Dir.

Es grüßt Dich Deine▪

mmWahl.[Brief an Franz K.].Schluß ‖Zeich: 19/5

Zum vollständigen Brief ist nun nur noch ein kleiner Schritt zu tun: Konzept-Frame "Brief an Franz K." markieren (Achtung: in Inhalts-Darstellung!) und über Hauptauswahl "Drucken" die Ausgabe auslösen. Das Resultat ist:

```
Alexandra Erbs                    Fr.-Crumbach, den 6.4.1989
Georg Büchner-Str. 25a
6101 Fränkisch-Crumbach


Herrn

Franz K.
Odenwaldweg 7

6126 Brombachtal


Lieber Franz,

ich weiß, daß Du schon ganz begierig auf die Ergebnisse der
Gemeindewahl in unserem Ort wartest. Hier sind sie:

Jahr gült.Stim. CDU    SPD    Grüne FDP  WG      Sonstige

1989         2004    581   1243    180
1985         1930    512   1305    113

Was ich von diesem Ergebnis halte, weißt Du. Sehr interessant
sind die Veränderungen der Stimmenzahlen in einer Grafik:
```

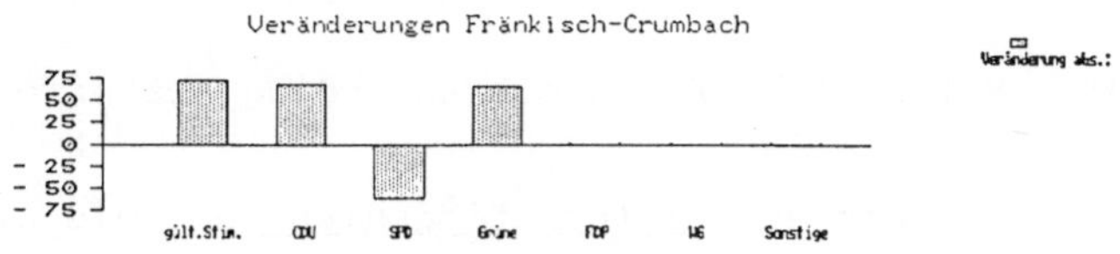


```
Wie das Bild in vier Jahren aussieht, läßt sich natürlich heute
noch nicht absehen. Spätestens dann melde ich mich aber wieder
bei Dir.

Es grüßt Dich Deine
```

Falls die Grafik zu klein oder zu groß sein sollte, muß sie mit der <F4>-Taste angepaßt und der gesamte Brief erneut ausgegeben werden.

2.7   Kommunikation

2.7.1 Übersicht

Alles was wir bislang mit Framework gemacht haben, haben wir lokal tun können - alle Texte stammten von uns, wurden am eigenen
Drucker ausgedruckt, die Daten der Datenbanken kamen ebenso aus
eigener Produktion. Soll jemand anderes nun von unserer Arbeit
profitieren, müssen wir ihm entweder eine Diskette oder einen
Ausdruck zuschicken - wollten wir eine Antwort haben, erhielten
wir sie auf dem gleichen Weg.

Im Zeitalter der Telekommunikation ist ein solch aufwendiges,
fehleranfälliges (Totalverlust!) und zeitraubendes Verfahren
nicht tragbar. Ziel muß sein, Informationen möglichst sofort
("auf Knopfdruck"), unverfälscht und mit geringem Aufwand zu ver-
schicken und zu erhalten. Das ist mit Framework möglich:

-   Lediglich ein Anschluß an das Telefonnetz (z.B. über Modem;
    siehe Kapitel 1.2.4.2) ist nötig. Andere Postdienste (Da-
    tex-L oder Datex-P) kann man auch benutzen.

-   Mit Hilfe der Framework-Anwendung "Datenfernübertragung"
    kann man
    -- verschiedene _Informationsdienste_ wie z.B. Deutsche
       Mailbox, Telebox oder M+T-Börse "anzapfen",
    -- den eigenen Personal Computer zu einem _Terminal_ an ei-
       nem beliebig entfernt stehenden Computer machen oder
    -- zwei _Computer_ über ein Kabel miteinander _verbinden_ und
       Daten darüber austauschen.

-   Ist Framework in einem Local Area Network (LAN) installiert
    (in der Framework LAN-Version), kann man Nachrichten im
    Rahmen eines Mail Handling System (MHS) empfangen und sen-

den. Diese Leistung ist besonders wichtig für den Büroalltag; hier spielt die schnelle Weiterleitung insbesondere
von Kurzmitteilungen eine große Rolle.

Wenn auch Framework ein komfortables Werkzeug ist, so sollte man
nicht glauben, daß die Datenfernübertragung damit zum Kinderspiel
wird. Ein Blick auf die Vielfalt der Einstellungsmöglichkeiten
der Konfigurations-/Initialisierungs-Maske soll das belegen:

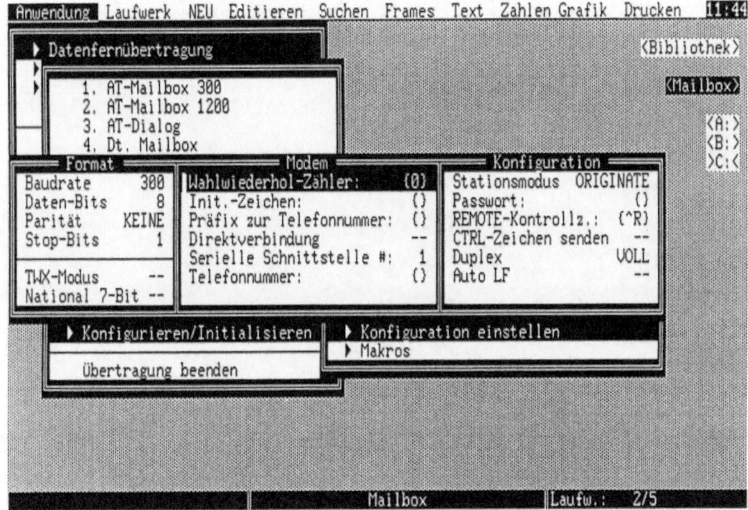

Geben Sie die Anzahl der Wahlwiederholungen an

Sollten Sie an der Datenfernübertragung interessiert sein, müssen wir Sie auf einschlägige Spezial-Literatur und besonders auf
Kapitel 11 (Datenfernübertragung) des Framework-Manuals verwei-
sen. Weitgehend ohne Vorkenntnisse kann man dagegen Nachrichten
mit Framework-Mail versenden und so werden wir uns das Verfahren
im nächsten Kapitel genauer ansehen.

2.7.2 Elektronische Post mit Framework-Mail

Wenn Sie Framework aufrufen und es meldet sich so, wie in Kapitel
2.2.1 dargestellt, dann können Sie keine Elektronische Post mit
seiner Hilfe versenden (und empfangen). Anders sieht es jedoch
aus, wenn Framework zunächst nach Teilnehmername und Kennwort
fragt und sich - nach erfolgreicher Identifikation - so meldet:

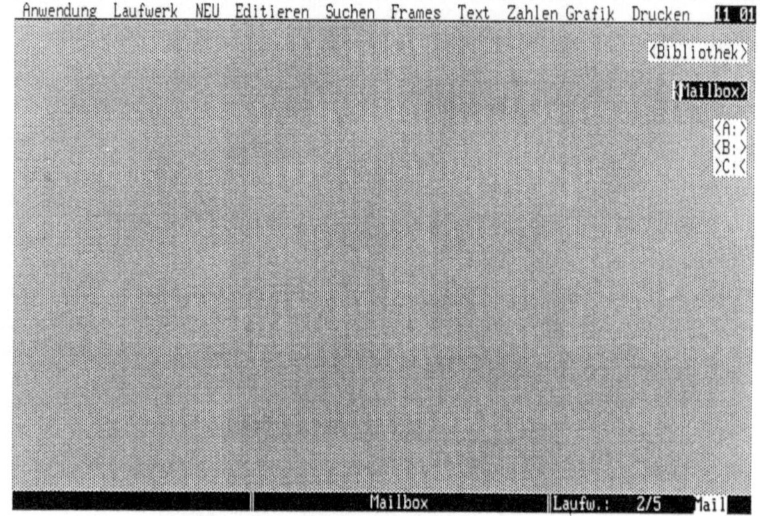

Jetzt enthält die Arbeitsfläche neben den bekannten Laufwerksan-
gaben einen Verweis auf die "Mailbox". Außerdem weist die Status-
zeile darauf hin, daß "Neue Mail eingetroffen" ist. Der Aufforderung "Bitte Mailbox öffnen" wollen wir nachkommen; wir öffnen
dazu die Mailbox mit der <Ret>-Taste.

Damit wird ein Verzeichnis der gesamten eingegangenen Elektronischen Post angezeigt:

Es enthält zunächst alle noch nicht gelesenen Briefe: einer von
Erbs, zwei von Reisert (davon einer mit einer Anlage), einer von
Schake und einer von Winkler. Wiedergegeben wird außerdem der
Betreff jedes Briefes. Danach folgen bereits bearbeitete Briefe;
sie sind im Papierkorb verborgen und können durch <Ret>-Taste
aufgelistet werden.

Damit wissen wir aber noch lange nicht, was der Inhalt der Briefe
ist. Hierfür ist folgendes zu tun:

1. Schritt: Cursor auf einen Brief einstellen.
2. Schritt: Brief mit <Ret>-Taste öffnen.

Wir wählen den zweiten Brief von Reisert (den mit der Anlage) aus und öffnen ihn. Angezeigt wird folgendes:

Wir erkennen in der Bildschirmwiedergabe

  - die Verwaltungsinformation zum Brief (= der Umschlag) und

  - den Inhalt.

Diesen Brief können wir nun weiterverarbeiten, wie mit einem üblichen Text-Frame (in einem Container-Frame) auch: Ausdrucken oder irgendwo ablegen. In der Mailbox löschen kann man ihn nicht ohne weiteres; dies macht Framework automatisch: Gelesene Post wandert zunächst in den Elektronischen Papierkorb und dann - nach bestimmter Frist - wird sie gelöscht.

Jetzt wissen wir, wie Post zu empfangen ist. Kümmern wir uns nun also um das <u>Senden</u>. Ein Beispiel: Ein Brief im Text-Frame "Antwort" soll an Herrn Guist geschickt werden. Was ist dafür zu tun?

1. Schritt: Brief im Frame "Antwort" erstellen.
2. Schritt: Frame "Antwort" markieren (= Cursor auf den Frame-Rahmen von "Antwort" positionieren).
3. Schritt: Im Hauptmenü "Anwendung" "Netzwerk-Mail" auswäh-len.
4. Schritt: Adressaten unter "Mitteilung an:" angeben.
5. Schritt: ggf. Empfänger einer Kopie angeben ("Kopie an:"); soll keine Kopie erstellt werden: <Ret>-Taste
6. Schritt: Betreff angeben ("Betrifft:")
7. Schritt: Brief durch "Senden" abschicken.

Im Bild sieht das so aus:

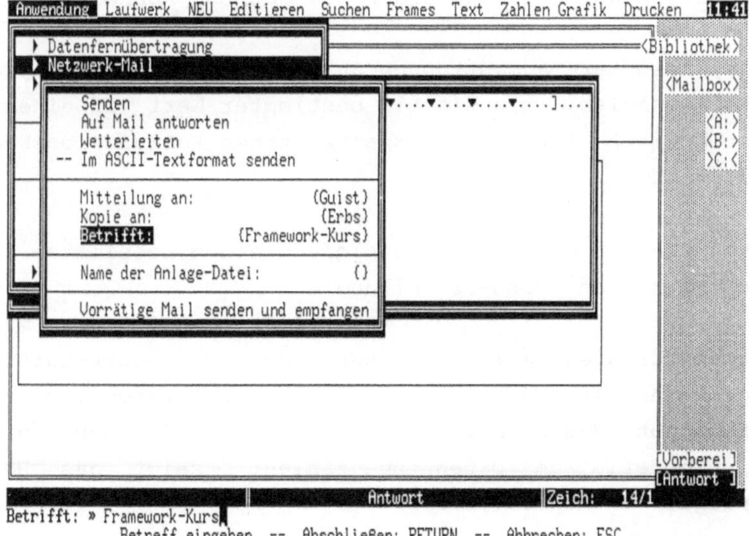

2.8   Programmierung mit FRED

2.8.1 Übersicht

Bislang hatte unsere Beschäftigung mit Framework wenig mit Programmieren zu tun. Ob es sich um Textverarbeitung oder z.B. um Datenverwaltung handelt, stets ging es (nur) darum , Aktionen über Menüs auszuwählen und (unmittelbare) Re-Aktionen von Framework zu beurteilen. Ein wenig haben wir schon bei den abgeleiteten Größen innerhalb der Tabellenkalkulation programmiert; hier beschränkte es sich aber um die Anwendung einfacher Funktionen wie z.B. @Sum oder @Avg.

Was ist also Programmieren in Framework?

- Ganze Abläufe wie z.B. Laden bestimmter Frames vom Hintergrundspeicher auf die Arbeitsfläche oder Ansteuern bestimmter, vorher festgelegter Zellen eines Kalkulationsblattes, festlegen und auf Knopfdruck auslösen zu können.

- Kompliziertere Auswertungen zu definieren. Ein Beispiel ist das Auszählen, wie oft ein bestimmter Wert in einer Reihe von Werten (etwa einer Spalte eines Kalkulationsblattes) auftritt.

- Aus verschiedenen Abläufen einfach einen bestimmten auswählen zu können (Menü-Erstellung).

Hilfsmittel für dies alles ist FRED, der Framework-Editor (mit den eingebauten FRED-Funktionen). Eine Auswahl wesentlicher FRED-Funktionen gibt das nächste Kapitel wieder. Wie man einige von ihnen anwendet, um Daten zu zählen, zeigt das Beispiel "Notenspiegel" in Kapitel 2.8.3.

2.8.2 FRED-Funktionen kurzgefaßt

Der Framework-Editor FRED kennt über 170 verschiedene Funktionen. Für einfache Anwendungen und dabei für den Einsatz insbesondere innerhalb der Tabellenkalkulation sind folgende Funktionen geeignet:

(1) Bereichsfunktionen

@get   liefert den Wert des aktuellen Elements eines Bereichs.
@hlookup   vergleicht den Inhalt einer Zelle mit Einträgen einer zweidimensionalen Tabelle ("horizontal").
@next   positioniert auf die nächste Zelle eines Bereichs oder das nächste Datenfeld (falls keines mehr existiert, nimmt sie/es den Wert "#NULL!" an).
@reset   setzt den Zeiger auf die aktuelle Zelle eines Bereichs oder ein Datenfeld auf den Anfang zurück
@vlookup   vergleicht den Inhalt einer Zelle mit Einträgen einer zweidimensionalen Tabelle ("vertikal").

(2) Datum/Zeit

@date   liefert das aktuelle Datum oder ein beliebiges Datum (im Spezial-Datentyp "Datum").
@time   liefert das aktuelle Datum oder stellt die aktuelle Zeit ein.
@time1   liefert die aktuelle Zeit in der Form "hh:mm Uhr". Variationen sind @time2, @time3, @time4.

(3) Kontrollfunktionen (bei FRED-Programmierung)

@if   Zweiseitige Auswahl
@local   erzeugt lokale Variablen.
@return   beendet die Ausführung einer (komplexen) Formel.
@while   Abweisende Schleife

(4) Logische Funktionen

@and   ergibt #FALSE, wenn mindestens ein Parameter falsch
          ist.
@not   ergibt #FALSE, wenn der Parameter wahr ist (und umge-
          kehrt).
@or   ergibt #TRUE, wenn mindestens ein Parameter wahr ist.

(5) Statistische Funktionen

@avg   berechnet den Mittelwert einer Folge von Zelleninhal-
          ten.
@count   stellt die Zahl der Zellen mit numerischem Inhalt fest.
@max   stellt den größten numerischen Wert einer Folge fest.
@min   stellt den kleinsten numerischen Wert einer Folge fest.
@std   berechnet die Standardabweichung einer Folge von Zel-
          leninhalten.
@sum   berechnet die Summe einer Folge von Zelleninhalten.
@var   berechnet die Varianz einer Folge von Zelleninhalten.

Beispiele:

```
@time1 (@date)            liefert die aktuelle Uhrzeit.

@and (b3=27, b4=b5)       ist wahr, wenn beide Bedingungen wahr
                          sind.

@if (Zelle = 10,
     Z := Z + 1,
     Z := @avg (y1:y7))   Anweisung "Z := Z + 1" wird ausgeführt,
                          wenn Bedingung "Zelle = 10" wahr ist,
                          sonst wird "Z := @avg (y1:y7)" ausge-
                          führt.

@avg (1, 2, 3, 4, 5)      liefert den Wert 3.

@sum (a10:a20)            berechnet die Summe der Inhalte des
                          Zellen-Bereichs A10 bis A20.
```

Nichtnumerische Daten werden als Parameter bei numerischen Auswertungen ignoriert und führen damit also nicht zum Abbruch der
Auswertung.

Neben den genannten Bereichen gibt es noch Funktionen zur Gestal-
tung der Benutzungsoberfläche, zum Drucken, zur Finanzwirtschaft,
Frame-Funktionen, zur Grafik, zum Import/Export (von dBASE-Daten
z.B.), Makrofunktionen, numerische Funktionen, zur Telekommunikation und zur Währungsdarstellung. Details hierzu enthalten sowohl
die Manuals zu Framework oder - wer es lieber online möchte - die
eingebaute Hilfe-Funktion von Framework.

2.8.3 Ein Beispiel: Notenspiegel

Mit diesem Beispiel wollen wir sehen, wie man zu maximal 16 Studenten ihre Leistungen (= Punkte) aus fünf Praktika verbuchen, zu jedem Studenten die Summe der erreichten Punktzahlen und die dazugehörige Note errechnet bekommen kann sowie - und das ist der Kern dieses Beispiels - einen Notenspiegel erhält.

Es soll damit zeigen, wie man

- Daten mit Hilfe einer Tabelle transformiert (Punkte in Noten; -> Anwendung der FRED-Funktion "HLookUp") und

- Daten mit Hilfe einer Zählschleife auswertet (Anzahl der Studenten mit bestimmter Note; -> Anwendung der FRED-Programmierung)

Aber Achtung: Dieses Beispiel ist so angelegt, daß Sie lediglich einen ersten Eindruck von der FRED-Programmierung erhalten. Wir beschreiben weder in diesem noch in einem anderen Kapitel , <u>wie</u> man FRED-Programme konstruiert, eingibt, ausdruckt oder kopiert.

Denn Sie sollten zunächst die Programmierung mit Pascal (Kapitel 3 dieses Buches) kennenlernen und einige Pascal-Programme entwerfen und am Computer testen. Erst danach sollten Sie sich an die FRED-Programmierung heranwagen. Und: Ohne ein ausführliches Begleitbuch mit allen Details zur Syntax und Semantik der Programmiersprache ist man auf Experimente angewiesen. Diese führen aber aller Erfahrung nach in der Programmierung zu nichts. Der Griff zum Manual 3 (Programmierung; immerhin knapp 400 Seiten stark) von Framework ist also dringend anzuraten.

Gehen wir von folgendem Tabellenkalkulationsblatt aus:

```
 Anwendung  Laufwerk  NEU  Editieren  Suchen  Frames  Text  Zahlen Grafik  Drucken
                A            B        C        D        E        F        G       H
  1  Name            Prakt1   Prakt2   Prakt3   Prakt4   Prakt5   Summe    Note
  2  ------------------------------------------------------------------------------
  3  Donnerstag, Marion     10       9       22       17       19       77       2
  4  Freitag, Frank         10      14       17       17       15       73       3
  5  Samstag, Paul          10      15       16       18       23       82       2
  6  Sonntag, Nicole        10      13       18       18       14       73       3
  7  Montag, Veronika       10      15       21       19       21       86       2
  8  Dienstag, Walter        9      14       22       23       24       92       1
  9  Mittwoch, Udo           9      11       11       19       21       71       3
 10  Januar, Dirk           10      13       15       18        0       56       4
 11  Februar, Alexandra     10      13       18       17        0       58       4
 12  März, Elfie            10      14       21       18       10       73       3
 13  April, Gerd            10      13       13       20       16       72       3
 14  Mai, Waltraud          10      13       17       14       20       74       3
 15  Juni, Sven              9      13       21       22       25       90       1
 16  Juli, Carmen           10      14       13        0        0       37       5
 17
 18
 19  Mittelwert           9,79   13,14    17,50    17,14    14,86    72,43    2,79
 20  Minimum                 9       9       11        0        0       37       1
 21  Maximum                10      15       22       23       25       92       5
 22  ------------------------------------------------------------------------------
 23  Punkte                  0      50       60       75       90       ▮▮▮▮▮▮▮
 24  Note                    5       4        3        2        1
                                    NOTEN.Tab.H23            Zelle:    8/23
```

Zu jedem Studenten ist manuell eingetragen worden, wieviele Punkte er für seine Leistungen in den Praktika 1 bis 5 erhalten hat.

Automatisch berechnet hat Framework darin

- die **Summe** der Punkte zu jedem Studenten (-> FRED-Funktion
  @Sum (B1:F1)),

- **Mittelwert**, **Minimum** und **Maximum** der Punkte zu jedem Prakti-
  kum (-> FRED-Funktionen @Avg (B3:B18), @Min (B3:B18), @Max
  (B3:B18)) sowie

- die **Note** zu jedem Studenten. Hierzu ist eine Tabelle der
  Grenz-Punktzahlen angelegt worden: Die Zellen B23 bis F23
  enthalten davon die Punktzahlen, ab denen eine bestimmte,
  darunter angeordnete Note zugeordnet wird (Zellen B24 bis

F24). In die Zelle H3 (in den Zellen H4 bis H18 analog) ist
die Formel "@HLookUp (G3, \$B\$23:\$F\$24, 1)" eingetragen. Sie
stellt den Bezug zwischen der Summe (Zelle G3) und der
Transformationstabelle her und läßt so die Note bestimmen.

Will man nun feststellen, wieviele Studenten welche Note erreicht
haben, kann man nicht auf eine eingebaute FRED-Funktion zurückgreifen, sondern muß selber eine entsprechende Funktion programmieren:

```
@LOCAL (Zaehler, Note),
Zaehler := 0,
Note :=@Get(Tab.$H$3:Tab.$H$18),
@WHILE (Note <> #NULL!,
    @IF (Note = B1,
        Zaehler := Zaehler + 1),
    @NEXT (Tab.$h$3:Tab.$h$18),
    Note := @GET(Tab.$H$3:Tab.$H$18)
),
@RETURN (Zaehler)
```

Es würde den Rahmen dieses Buches sprengen, diese Funktion im
Detail zu erläutern. Was enthält sie aber Wesentliches?

- In ihr werden zwei Variablen benutzt (**Zaehler** und **Note**),
  die nur innerhalb der Funktion bekannt sind.

- Die **GET-Anweisung** versorgt die Variable Note entweder mit
  einer Note (Zelle H3 bis H18 der Tabelle) oder mit dem En-
  dekennzeichen #NULL!.

- Die **NEXT-Anweisung** schaltet von einem Tabellenwert auf den
  nächsten weiter.

- Mit der **IF-Anweisung** wird Zaehler um 1 erhöht, wenn die
  Note gleich der aktuell betrachteten Note in Zelle B1 ist.

- Die **RETURN-Anweisung** gibt die Regie an den aufrufenden Frame zurück und übergibt dabei den Wert von Zaehler.

- Kern der Funktion ist eine **Abweisende Schleife** (WHILE-Schleife), mit der alle Tabelleneinträge (Noten) durchlaufen werden.

Diese Funktion ist in den Zellen B1 bis B5 eines separaten Tabellenkalkulations-Frames eingetragen. Wir hätten selbstverständlich den Notenspiegel auch innerhalb des Kalkulationsblattes "Noten.Tab" berechnen können; wir wollten aber durch die Trennung etwas mehr Übersicht gewinnen. (Dies erklärt auch, weshalb die Bezüge zu den Zellen des Punkte-Frames den Namen des Frames enthalten!). Der Aufbau dieses Frames ist:

	A	B	C	D	E	F
1	Note	1	2	3	4	5
2	Anzahl	1	2	6	4	1

Und nun endlich können wir auch unsere Karten bei der "Baufinanzierung" (siehe Kapitel 2.4.2) aufdecken. So sieht die Formel zur Errechnung der Rückzahlungsdauer aus:

```
@LOCAL (Monat, Jahr, Schuld, Zinssatz, Zahlung),
Jahr     := 0,          Schuld   := @Get(B11),
Zinssatz := @Get(B14), Zahlung  := @Get(B17),

@WHILE (Schuld > 0,
   Monat  := Monat    + 1,
   Schuld := Schuld - (Zahlung - Schuld * Zinssatz)
),
Jahr     := @Floor (Monat / 12),
Monat    := Monat - Jahr * 12,
@RETURN (@integer (Jahr) & " Jahre / "
         & @integer (Monat) & " Monate")
```

2.9   Termine elektronisch verwaltet mit TimeFrame

Es gibt Menschen, die können sich einfach nichts merken - am allerwenigsten ihre Verabredungen. Für sie und auch für alle anderen hält Framework einen elektronischen Terminkalender bereit, den **TimeFrame**. Dieser kann noch mehr, wie dem AuswahlMenü des folgenden Bildschirm-Abdrucks zu entnehmen ist:

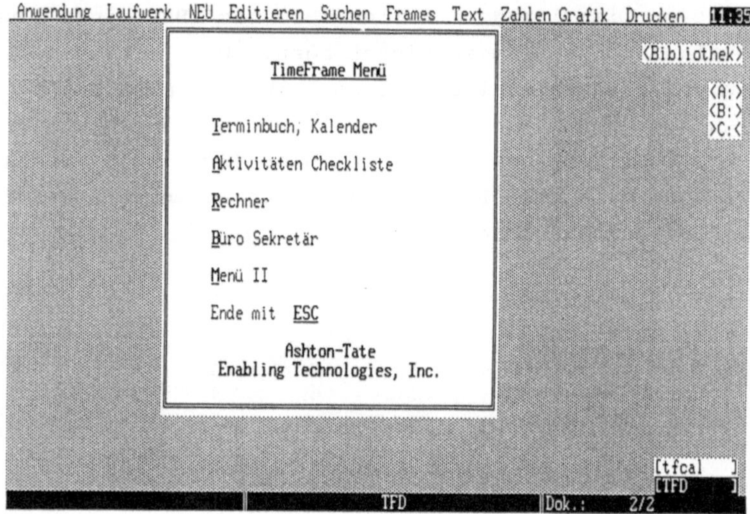

TimeFrame ruft man übrigens als "Anwendung" auf; den Terminkalender darin durch Eingabe von "T". Als erstes sehen wir die **Halbjahresübersicht** (siehe oberen Abdruck der nächsten Seite; hier ist zusätzlich die Hilfefunktion dargestellt).

In dieser Halbjahresübersicht können wir nun mit dem Cursor auf einen bestimmten Monat positionieren und diesen Monat "zoomen", d.h. nur ihn allein und mit mehr Details anzeigen lassen. Falls für diesen Monat noch keine Detailsicht erzeugt worden ist, werden wir gefragt, ob eine solche jetzt angelegt werden soll.

Anwendung Laufwerk NEU Editieren Suchen Frames Text Zahlen Grafik Drucken `11:40`

```
    April  1989                                          Juni  1989
So Mo Di Mi Do Fr Sa        Halbjahressicht Auswahl    So Mo Di Mi Do Fr Sa
                   1                                                 1  2  3
 2  3  4  5  6  7  8     Nächsten Monat            →     4  5  6  7  8  9 10
 9 10 11 12 13 14 15     Vorigen Monat             ←    11 12 13 14 15 16 17
16 17 18 19 20 21 22     Vorwärts 3 Monate         ↓    18 19 20 21 22 23 24
23 24 25 26 27 28 29     Zurück 3 Monate           ↑    25 26 27 28 29 30
30                       Vorwärts 6 Monate    Bild ab
                         Zurück 6 Monate      Bild auf
                         Vorwärts 1 Jahr  Ctrl-Bild ab
                         Zurück 1 Jahr    Ctrl-Bild auf
    Juli  1989                                          September  1989
So Mo Di Mi Do Fr Sa     Monatsübersicht          Num +  So Mo Di Mi Do Fr Sa
                   1                                                    1  2
 2  3  4  5  6  7  8     Erzeuge neues Jahr        EINFG   3  4  5  6  7  8  9
 9 10 11 12 13 14 15     TimeFrame Menü           ROLLEN  10 11 12 13 14 15 16
16 17 18 19 20 21 22     Ende TimeFrame              ESC  17 18 19 20 21 22 23
23 24 25 26 27 28 29                                      24 25 26 27 28 29 30
30 31

    Oktober  1989           November  1989           Dezember  1989
So Mo Di Mi Do Fr Sa     So Mo Di Mi Do Fr Sa     So Mo Di Mi Do Fr Sa
                                     TFD.sm.m18              Frame:   18/36
```

Heute ist der 04.08.1989.   Jede Taste für Halbjahressicht

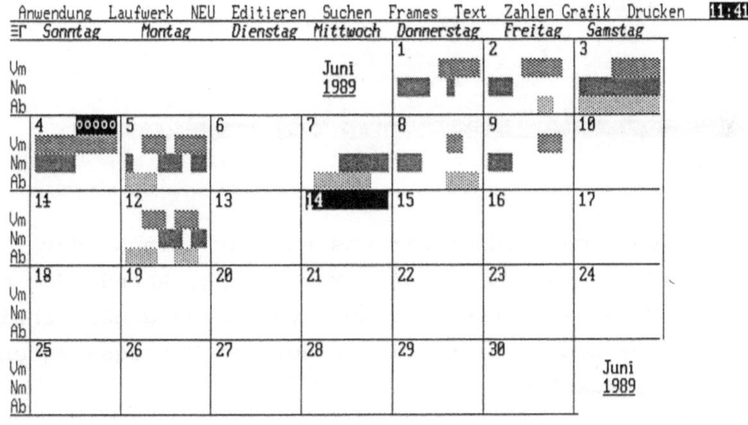

TimeFrame Monatsübersicht. Heute ist der 04.08.1989. F1 für Hilfe.

Wir sind dann in der **Monatsübersicht** (siehe unteren Abdruck der
vorigen Seite). Man erkennt auf dem Kalenderblatt in den Tages-
feldern einige schraffierte Stellen; hier sind bereits Termine
eingetragen. Welche das sind, können wir in der **Tagesübersicht**
sehen. Hierzu positionieren wir wieder auf den entsprechenden
Tag und rufen die entsprechende Tagesübersicht durch <+>-Taste
auf:

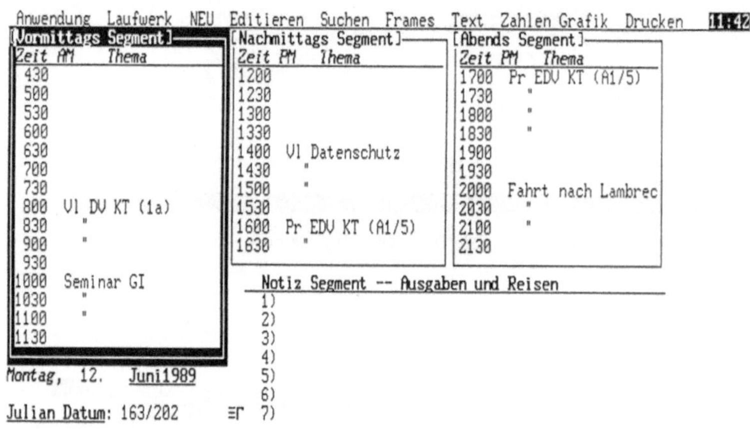

In dieser Tagesübersicht können wir uns nun für eines der vier
Segmente entscheiden, den Vormittag, Nachmittag, Abend oder das
Notiz-Feld. Das Vorgehen entspricht den vorangegangenen Schritten: mit dem Cursor positionieren (hier auf das Mittags-Segment)
und mit <+>-Taste auswählen.

Wir gelangen damit zur **Terminübersicht**. Jetzt - endlich - können
wir einen Eintrag vornehmen, so z.B. "Arbeitsessen mit H.D." für
13 bis 14 Uhr. Das Vorgehen: Entsprechendes Feld auswählen, mit
<+>-Taste öffnen, Text eintragen und mit <Ret>-Taste abschließen.

Und so sieht das Resultat aus:

```
Anwendung Laufwerk NEU Editieren Suchen Frames Text Zahlen Grafik Drucken  11 43
Zeit AM   Thema              Terminübersicht
 430
 500
 530
 600
 630
 700
 730
 800  VI DV KT (1a)
 830    "
 900    "
 930
1000  Seminar GI
1030    "
1100    "
1130


Montag,  12.  Juni1989
                            Vormittags Segmen
Julian Datum: 163/202     =r



         m61989.d12.Vormittags Segment   Zeich:   0/13
       Termin löschen bevor voriger Termin verlängert wird
```

Und wie kommt man aus TimeFrame wieder heraus? Aus jeder Stufe
gelangt man eine Stufe zurück durch Eingabe der <->-Taste. Und so
hangelt man sich Stufe für Stufe über die einzelnen Übersichten
wieder zurück.

Inwieweit   die   weiteren   Bestandteile   des   TimeFrame, die
Aktivitäten-Checkliste oder der Taschenrechner für Sie von Nutzen
sind, wissen wir nicht. Probieren Sie's halt einmal aus.

2.10 Tasten, Tasten, Tasten

Nicht alle Funktionen von Framework kann man über Menüpunkte erreichen, vieles läßt sich nur über Tasten oder Tastenkombinationen erreichen. Die wichtigsten davon sind:

+	eine Stufe hinein (in den Frame oder eine Stufe tiefer in der Konzeptstruktur bzw. im Dateiverzeichnis) - Achtung: auf numerischer Tastatur!
-	eine Stufe hinaus (aus dem Frame oder eine Stufe höher in der Konzeptstruktur bzw. im Dateiverzeichnis - Achtung: auf numerischer Tastatur!
PgUp	Wechsel zwischen Frameauswahl und Dateiverzeichnis
PgDn	Wechsel zwischen Frameauswahl und Dateiverzeichnis
Ins	Aufruf des Haupt-Menues

Cursor-Einstellungen im Frame:

Home		an den Anfang der aktuellen Zeile
End		an das Ende der aktuellen Zeile
Ctrl	**Home**	erstes Element im Frame
Ctrl	**End**	letztes Element im Frame

Funktionstasten und andere:

| F1 | Hilfe in allen Lebenslagen |

| F2 | Formel edieren |

| F3 | Frame verschieben |

| F4 | Größe von Feldern oder Frame-Fenstern ändern |

| F5 | abgeleitete Werte neu berechnen lassen |

| F6 | Auswahl (Beginn; Ende kennzeichnen mit: | Ret |) |

| F7 | Verlagern |

| F8 | Kopieren |

| F9 | Framedarstellung verkleinern/vergrößern ("Zoom") |

| F10 | Umschalten von Konzeptdarstellung auf Inhalt bzw. Wechsel der Darstellung bei Datenbank-Frame |

| Ret | Öffnen bzw. Schließen eines Frames bzw. Verzeichnisses; Auslösen einer ausgewählten Aktion |

3 Programmierung mit Turbo Pascal

3.1   Was wird benötigt ?

Zum Programmieren in Pascal benötigen Sie einen IBM-kompatiblen
Computer und Turbo Pascal Version 4 (oder höherer Version) von
Borland. Verfügen Sie über eine Festplatte, so müssen Sie das
System dort erst installieren (es wird auf Diskette geliefert).
Aber auch mit zwei oder sogar mit nur einem einzigen Disketten-
laufwerk kommen Sie aus, wenn Sie auf etwas Bedienungskomfort
verzichten. Arbeiten Sie mit einem oder zwei Diskettenlaufwerken,
so benötigen Sie zwei Arbeitsdisketten mit folgenden Dateien:

<u>Diskette 1</u>:   <u>Diskette2</u>:
Turbo.EXE   Turbo.HLP
Turbo.TPL   Ihre
TINST.EXE   eigenen
Turbo.TP   Programme
HERC.BGI
GRAPG.TPU
COMMAND.COM

COMMAND.COM gehört nicht zum Turbo Pascal-System, sondern ist die
Benutzeroberfläche von MS-DOS. HERC.BGI ist der Protokolltreiber
der Hercules-Grafikkarte. Für die CGA-Karte benötigen Sie statt
dessen den Treiber CGA.BGI, für die EGA- und VGA-Karte den Treiber EGAVGA.BGI.

Verfügen Sie über eine Festplatte, so sollten Sie sich für Ihre
Pascal-Arbeiten ein eigenes Inhaltsverzeichnis aufbauen und die
obigen Dateien hineinkopieren.

3.2   Einfache Programme

3.2.1 Ein Beispiel: Kreisberechnung

Ein einfaches Programm zur Berechnung von Umfang und Flächeninhalt eines Kreises bei gegebenem Radius könnte so aussehen:

```
PROGRAM Kreis;
VAR Radius, Umfang, Flaeche: real;
BEGIN
      write ('Radius eingeben: '); readln(Radius);
      Umfang := 2 * 3.1416 * Radius;
      Flaeche:= 3.1416 * Radius * Radius;
      (* Ausgabezeilen modifiziert *)
      writeln ('Radius:',Radius:8:4);
      writeln ('Umfang:',Umfang:8:4,'    Fläche:',Flaeche:8:4);
END.
```

Dieses Programm besteht aus verschiedenen Wörtern und Spezialzeichen. Pascal unterscheidet allgemein folgende Klassen von Wörtern (auch Bezeichner genannt; engl.: Identifier):

- **Reservierte Wörter** sind in Form und Bedeutung festgelegt. Sie können nicht vom Programmierer geändert und z.B. mit anderer Bedeutung belegt werden. Beispiele sind: PROGRAM und VAR.

- **Vordefinierte Bezeichner** oder auch **Standardbezeichner** sind ebenso Bestandteil des Pascal-Sprachumfangs. Sie können aber im Gegensatz zu den reservierten Wörtern vom Programmierer auch zu anderen Zwecken verwendet werden. Beispiele sind: real und write.

- Alle anderen Wörter sind **benutzerdefinierte Bezeichner**. Bei ihnen hat der Benutzer im Rahmen der Schreibkonventionen (siehe Kapitel 3.2.2) freie Hand. Beispiele sind: Radius und Umfang.

Wörter und Spezialzeichen bilden Anweisungen an Turbo Pascal. Wie jede Anweisung angeordnet ist, bleibt weitgehend dem Programmierer überlassen. Je zwei Anweisungen werden durch ";" voneinander abgetrennt (man bezeichnet deshalb auch das Semikolon in Pascal als das "Trennsymbol").

Einige Wörter sind in unseren Beispielprogrammen durchweg groß geschrieben. Dies sind gerade die reservierten Wörter. Alle anderen Wörter auch die Standardbezeichner) schreiben wir weitgehend klein; nur den Anfangsbuchstaben schreiben wir i.d.R. bei den benutzerdefinierten Bezeichnern wegen der besseren Lesbarkeit groß. Diese Unterscheidung in Klein- und Großschreibung beeindruckt Pascal aber überhaupt nicht; sie ist nur für den (menschlichen) Leser gedacht.

Wir wollen uns die Anweisungen im einzelnen betrachten:

Das Programm beginnt in seiner ersten Zeile mit dem reservierten Wort PROGRAM. Es kennzeichnet das betreffende Modul als Hauptprogramm im Gegensatz zu Prozeduren, Funktionen oder Units (siehe später). Der Name des Hauptprogramms ist "Kreis".

In der 2. Zeile werden die vom Programm benutzten Variablen "deklariert" und ihre "Datentypen" festgelegt. In Pascal ist das (im Gegensatz zu anderen Programmiersprachen) unbedingt notwendig. Nicht deklarierte Variable führen bei der Übersetzung des Quellprogramms zu einer Fehlermeldung des Compilers.

Mit dem reservierten Wort "BEGIN" in der 3. Zeile fängt der eigentliche Verarbeitungsteil an. "BEGIN" und "END" gehören zusammen und schließen einen "Verarbeitungsblock" ein, d.h. eine Folge nacheinander auszuführender Anweisungen. Das Programm "Kreis" enthält nur einen einzigen Verarbeitungsblock, doch können allgemein beliebig viele vorhanden sein.

Der Verarbeitungsblock enthält fünf ausführbare Anweisungen. Zunächst wird der Kreisradius über die Tastatur eingelesen, dann werden die Werte der Variablen umfang und flaeche berechnet, zum Schluß werden die Ergebnisse auf dem Bildschirm ausgegeben. Pascal orientiert sich weitgehend an der mathematischen Schreibweise: die Bedeutung der arithmetischen Ausdrücke ist unmittelbar klar und entspricht der üblichen Berechnung von Kreisumfang und Kreisfläche.   Vor den Berechnungsformeln tritt die Zeichenkombination ":=" auf, der sog. "Zuweisungsoperator". Der rechts davon stehende Ausdruck wird berechnet und der links stehenden Variablen als Wert zugewiesen.

3.2.2   Schreibkonventionen

Pascal unterscheidet (außer bei Textausgaben) nicht zwischen Groß- und Kleinbuchstaben. Deutsche Sonderzeichen (ä, ö, ü, ß) sind weder in reservierten Wörtern noch in Variablennamen erlaubt, sondern nur in Ausgabetexten und Kommentaren. Variablennamen können beliebig lang sein und (außer dem ersten Zeichen) auch Ziffern enthalten: Radius, Kreisflaeche, r1, k1234 sind gültige Bezeichnungen, nicht aber Fläche (enthält einen Umlaut) und 1de4 (erstes Zeichen ist kein Buchstabe).

In welcher Spalte eine Anweisung beginnt, ist beliebig. Eine einzelne Anweisung kann sich auch über mehrere Zeilen erstrecken. Andererseits können mehrere Anweisungen (durch ";" getrennt) in einer Zeile stehen. Man nutzt dies aus, um durch die textliche Strukturierung den inneren logischen Zusammenhang hervortreten zu lassen. Aus diesem Grund wurde auch der Inhalt des BEGIN-END-Blocks in unserem Beispiel eingerückt. Auch Leerzeilen sind zwischen und innerhalb von Anweisungen erlaubt.

Außer der Formatierung des Quellprogrammtexts gibt es ein weiteres Hilfsmittel, um Programme übersichtlich und verständlich zu
gestalten: die <u>Kommentare</u>. Es handelt sich hierbei um Programm-
zeilen, die ausschließlich für den menschlichen Leser bestimmt
sind und nichts im Computer bewirken. Sie bestehen aus beliebigem
Text, der vorne durch "{" und hinten durch "}" eingeschlossen
ist. Wer auf seiner Tastatur diese Zeichen nicht findet, kann
anstelle von "{" auch "(*" und anstelle von "}" auch "*)"
setzen. Kommentare können Sie an beliebigen Stellen innerhalb
eines Programms unterbringen. Machen Sie reichlich Gebrauch davon, damit Ihr Programm auch für Andere verständlich ist.

3.3   Vom Edieren, Übersetzen und Laufenlassen

3.3.1 Aufbau des Turbo Pascal-Systems

Turbo Pascal bietet eine menügesteuerte Entwicklungsumgebung, die
alle Schritte von der Programmeingabe in den Computer über Edieren, Compilieren, Binden, Laufenlassen bis zur Fehlersuche unterstützt. Und das besonders Schöne: wenn Sie einmal nicht wissen,
sie es weitergeht oder welche Wirkung eine bestimmte Vorgehens-
weise hat, drücken Sie lediglich die

                                                       Taste F1

und schon bekommen Sie umfangreiche Erläuterungen zu dem betreffenden Punkt auf den Bildschirm.

Am besten lernen Sie den Aufbau von Turbo Pascal durch Probieren.
Legen Sie die Diskette mit dem Programm Turbo.EXE in Laufwerk A:
des Computers (bzw. wählen Sie das entsprechende Inhaltsverzeichnis auf der Festplatte aus) und geben Sie ein:

                                                         Turbo

Nach kurzer Zeit erscheint folgendes Hauptmenü auf dem Bildschirm:

```
    File      Edit      Run     Compile    Options
===================================== Edit =====================================
    Line 1      Col 1    Insert Indent Tab A:NONAME.PAS




                               


                           ─ Output ─

    ASHTON-TATE empfiehlt Ihnen, von Ihren Arbeiten regelmäßig
    Sicherungskopien anzufertigen. Nur so schützen Sie sich
    zuverlässig vor dem Verlust wertvoller Datenbestände.

         Vielen Dank für den Einsatz von Framework III.
================================================================================
 F1-Help F2-Save F3-Load F5-Zoom F6-Edit F9-Make F10-Main menu
```

Das Feld "File" der obersten Zeile ist hervorgehoben, mit Hilfe
der Pfeiltasten <-- und --> können Sie beliebige andere Felder
der oberen Zeile erreichen. Drücken Sie Taste RETURN, so wird der
betreffende Menüpunkt zur Durchführung ausgewählt. Zu den Menüpunkten "File", "Options" und "Compile" erscheint vorher noch
ein Untermenü mit weiteren Wahlmöglichkeiten. Drücken der Taste
F10 bringt Sie aus einem Untermenü sofort wieder ins Hauptmenü
zurück. Von einem Untermenü in das übergeordnete Menü gelangen
Sie durch Drücken von Taste ESC.

Das Hauptmenü enthält zwei Fenster. Das obere dient dem Edieren
Ihrer Programme (Erstellung der Quellprogramme), das untere gibt
Bildschirmausgaben (z.B. von Programmtests) wieder. Normalerweise
sind beide Felder gleichzeitig sichtbar.

Drücken von

                                                  Taste F6

bewirkt, daß die Schreibmarke (der Cursor) von einem Fenster in
das jeweils andere überwechselt. Normalerweise steht der Cursor
im Edit-Fenster (oberes Fenster). Wollen Sie das jeweils aktuelle
Fenster auf den ganzen Bildschirm ausdehnen (das andere Fenster
ist dann natürlich nicht mehr sichtbar), so drücken Sie

                                                  Taste F5

Erneutes Drücken von F5 zeigt wieder beide Fenster gemeinsam.

Was bewirken die Punkte der Hauptmenüleiste?

File   ermöglicht das Laden und Abspeichern von Programmen auf
            Diskette bzw. Festplatte, den Aufruf der Benutzerober-
            fläche von MS-DOS und die Beendigung von Turbo Pascal

Edit   ermöglicht die Erstellung und Bearbeitung von Pascal-
            Quellprogramme (Programmeingabe und Durchführung von
            Programmänderungen)

Run   startet Ihre Programme nach der Übersetzung; falls eine
            Übersetzung zuvor nötig ist, wird sie automatisch durch-
            geführt

Compile bewirkt die Übersetzung von Quellprogrammen und das Bin-
            den der erzeugten Objektprogramme mit den erforderlichen
            Unterprogrammen (kombinierter Compiler / Linker)

Options erlaubt das Setzen von Bedingungen für die Compilierung
und die Definition von Suchwegen für Dateien

3.3.2 Ein Programm eingeben

Wir wollen jetzt das Programm in den Computer eingeben: Aus dem
Hauptmenü wählen Sie mit den waagerechten Pfeiltasten den Menüpunkt "Edit" und drücken Sie Taste RETURN. Die Schreibmarke
springt daraufhin in das Edit-Fenster. Geben Sie nun das Kreis-
programm ein - ganz ähnlich, wie Sie Texte mit Hilfe von Framework verarbeiten gelernt haben. Korrekturen und Änderungen erfolgen genauso; allerdings müssen Sie jede Zeile als einen Absatz
auffassen - also mit Return-Taste abschließen. Wenn Sie einmal
nicht weiter wissen, können Sie sich vertrauensvoll der eingebauten Hilfe anvertrauen (Taste F1).

3.3.3 Eingegebenes Programm sichern

Jetzt sollten Sie Ihr Programm zunächst auf Diskette oder Festplatte abspeichern. Wählen Sie aus dem Hauptmenü den Menüpunkt
"File". Darauf erscheint ein Untermenü, in dem Sie mit den
Tasten "Pfeil nach oben" / "Pfeil nach unten" den Punkt "Save"
anwählen und mit RETURN ausführen. Am Bildschirm erscheint
anschließend ein kleines Fenster mit der Aufforderung, einen
Dateinamen anzugeben, unter dem Ihr Programm abgespeichert
wird. Geben Sie das Wort "kreis" ohne Anführungszeichen ein und
Ihr Programm wird gespeichert. Überzeugen Sie sich davon durch
wählen des Untermenüpunkts "Directory" im Menü "File". Ihr Programm wurde unter dem Namen "KREIS.PAS" gespeichert (die Extension .PAS hat Turbo Pascal automatisch hinzugefügt).

Mit erneutem "Save" erhalten Sie zwei Programmversionen: die alte Datei "name.PAS" wird nicht sofort überschrieben, sondern umbenannt in name.BAK und die neue Datei wird als name.PAS gespeichert. Allerdings geht dies nur einstufig: bei weiterem Abspeichern wird name.Bak gelöscht, das frühere name.PAS in name.BAK umbenannt und die letzte Version wieder unter name.PAS gespeichert. Sie haben also stets die letzte und die vorletzte Programmversion auf Ihrer Diskette oder Festplatte. Dies dient der Sicherheit gegen versehentliches Löschen.

3.3.4 Übersetzen und Fehlerkorrektur

Um Ihr Programm zu übersetzen, wählen Sie im Hauptmenü den Punkt "Compile". Es erscheint ein Untermenü, in dem Sie erneut "Compile" wählen. Wenn Sie sich nicht vertippt haben, kommt nach ganz kurzer Zeit die Erfolgsmeldung "Success" des Übersetzers auf den Bildschirm. Jetzt können Sie Ihr Programm starten.

Vermutlich haben Sie sich aber doch ein- oder mehrmals vertippt. Das ist keineswegs ungewöhnlich ... im Gegenteil: es kommt selten vor, daß ein Programm auf Anhieb fehlerfrei übersetzbar ist. Hier zeigt sich eine der Stärken von Turbo Pascal: der Compiler bemerkt Ihren Fehler, gibt eine Meldung auf dem Bildschirm aus und setzt die Schreibmarke auf die Stelle in Ihrem Programmtext, an der er die Ursache für den Fehler vermutet. Sie können ihn dort unmittelbar korrigieren, denn auch die Edit-Funktion wird automatisch wieder aktiviert. Anschließend compilieren Sie erneut.

3.3.5 Das eigene Programm läuft (oder auch nicht)

Jetzt können Sie Ihr Programm starten. Wählen Sie "Run" im Hauptmenü und es geht los. Auf dem Bildschirm erscheint die Eingabeaufforderung Ihres Programms für den Kreisradius. Geben Sie die Ziffer 3 ein, schließen Sie mit RETURN ab, und schon haben Sie das Ergebnis:

```
Radius:  3.0000000000E+00Umfang:  1.8849600000E+01Fläche:  2.8274400000E+01
```

Drücken einer beliebigen Taste führt zurück ins Hauptmenü. Das Resultat wird in "wissenschaftlicher Notation" ausgegeben: 3.0000000000E+00, 1.8849600000E+01 und 2.8274400000E+01 bedeuten der Reihe nach $3*10^0$ (=3), $1.88496*10^1$ (=18.8496) und $2.82744*10^1$ (=28.2744).

3.3.6 Erste Verbesserung: Formatierung der Ausgabe

Obwohl das Programm richtig arbeitet, sind Sie wahrscheinlich enttäuscht: die Ergebnisdarstellung ist alles andere als schön.

Auch jetzt zeigt sich der Vorteil einer interaktiven Entwicklungsumgebung: wir können nach dem ersten Durchlauf unser Programm sofort in der gewünschten Weise ändern. Wählen Sie dazu im Hauptmenü den Punkt Edit aus und modifizieren Sie Ihr Programm:

```
PROGRAM Kreis;
VAR Radius, Umfang, Flaeche: real;
BEGIN
     write ('Radius eingeben: ');
     readln (Radius);
     Umfang := 2 * 3.1416 * Radius;
     Flaeche:= 3.1416 * Radius * Radius;
     writeln ('Radius: ',Radius, 'Umfang: ',Umfang,
             'Fläche: ',Flaeche)
END.
```

Übersetzen Sie nun ihr neues Programm und lassen Sie es laufen.
Der Bildschirm könnte wie folgt aussehen:

```
Radius eingeben:  1
Radius:  1.0000
Umfang:  6.2832      Fläche:  3.1416
Press any key to return to Turbo Pascal
```

Das ist schon viel besser. Die Formatangabe ":8:4" in den
Ausgabeanweisungen teilt dem Compiler mit, daß Sie die Ergebnisse
rechtsbündig in Bildschirmfeldern mit Längen von je 8 Zeichen
ausgeben wollen, wovon 4 Stellen durch die Nachkommaziffern
belegt werden (auch der Dezimalpunkt zählt bei der Feldlänge mit,
er belegt ja eine Zeichenposition).

Speichern Sie nun das Programm mit Hilfe des Hauptmenüpunkts
"File" und des Untermenüpunkts "Save" oder einfach durch Drücken
von Taste F2. Einen Programmnamen brauchen Sie nicht mehr einzu-
geben, Turbo Pascal verwendet die bereits vorhandene Datei
"KREIS.PAS". Spätestens jetzt gibt es auch eine Datei namens
"KREIS.BAK" mit einer älteren Version des Programms.

3.3.7 Laden von Programmen

Wollen Sie ein früher abgespeichertes Programm zur erneuten Ausführung oder zur Vornahme von Änderungen laden, so geschieht dies
mit Hauptmenüpunkt "File", Unterpunkt "Load" oder einfach mit
Taste F3. Anschließend fragt Turbo Pascal Sie nach dem Dateinamen
(ohne Extension) und lädt das Programm. Falls bereits ein Programm im Edit-Fenster vorhanden ist, werden Sie noch aufgefordert, dieses abzuspeichern, damit es nicht verloren geht.

Wollen Sie häufig zwischen verschiedenen Quellprogrammen hin und
her wechseln, so empfiehlt sich hierfür die Pick-Funktion: Sämtliche verwendeten Dateien werden dabei in eine sog. Pick-Liste
eingetragen, aus der Sie das jeweils zu bearbeitende Programm
auswählen können.

3.3.8 Eigene MS-DOS-Befehle programmieren

Bislang haben können wir Pascal-Programme lediglich als Text (als
sog. Quellprogramme) aufbewahren. Sollen sie ausgeführt werden,
müssen sie zunächst geladen und übersetzt werden - und das alles
nur innerhalb des TurboPascal-Systems. Wir werden nun kennenlernen, wie man mithilfe von selbstgeschriebenen Pascal-Programmen
das Betriebssystem MS-DOS erweitert:

Wählen Sie den Hauptmenüpunkt "Compile" an. Es erscheint ein Untermenü, dessen vierte Zeile "Destination Memory" oder "Destination Disk" lautet. Bringen Sie die Schreibmarke in diese Zeile
und drücken Sie RETURN: die Anzeige wechselt von "Memory" zu
"Disk" bzw. umgekehrt. Erneutes Drücken von RETURN bringt die
alte Anzeige zurück. Dieser "Schalter" entscheidet darüber, ob
das Ergebnis der Programmübersetzung, d.h. das lauffähige Maschinenprogramm, auf Diskette bzw. Festplatte abgespeichert wird oder
nur im Hauptspeicher des Computers vorhanden ist.

Haben Sie "Disk" ausgewählt, so wird das Maschinenprogramm unmittelbar nach der Übersetzung auf der Diskette als Datei name.EXE
gespeichert. Sie können es später wie jedes andere Programm direkt von der MS-DOS-Benutzeroberfläche aus starten. Haben Sie
"Memory" gewählt, so kann Ihr Programm nur von Turbo Pascal aus
gestartet werden. Dafür benötigt die Übersetzung wesentlich weniger Zeit.   Die Normalstellung des Schalters ist deshalb auch
"Memory".

3.3.9 Turbo Pascal verlassen

Mit "File" "Quit" können Sie Turbo Pascal beenden und zum Betriebssystem zurückkehren. Gegebenenfalls erhalten Sie vorher
eine Aufforderung, noch nicht gespeicherte Programme zu sichern.
Diers ist dann auch in der Tat die letzte Gelegenheit, ein gerade
ediertes Quellprogramm dauerhaft zu speichern - ganz wie bei
Framework sind alle lediglich im Hauptspeicher vorhandenen Texte
nach Verlassen des Programms weg.

Wer man nur "mal eben schnell" ein MS-DOS-Kommando ausgeführt
haben möchte, der muß deshalb nicht die Arbeit mit Turbo Pascal
beenden. Er muß sie lediglich unterbrechen. Mit "File" "OS shell"
verlassen Sie Turbo Pascal temporär und wechseln zu MS-DOS. Sie
können jetzt beliebige Betriebssystemvorgänge ablaufen lassen
(z.B. DIR, RENAME etc.). Anschließend geben Sie den Befehl

                                                            exit

und sind wieder in Turbo Pascal. Aber Vorsicht: Unzählige Programmierer sind nicht ordnungsgemäß über "exit" zurückgekehrt;
sie haben Turbo Pascal vielmehr erneut gestartet. Damit ist Turbo
Pasacal zweimal im Hauptspeicher geladen (sofern dieser dafür
groß genug ist!) - mit den verschiedensten technischen Folgen.
(Von den rechtlichen Folgen wollen wir hier völlig absehen:
braucht man dafür nicht sogar zwei Lizenzen???)

3.4   Einfache Datentypen

3.4.1 Allgemeines

Sämtliche in einem Pascal-Programm verwendeten Variablen müssen
zunächst "deklariert" werden. Dies hat zwei Gründe:

- Jede Variable dient innerhalb eines Programms einem ganz
  bestimmten Zweck . Wird etwa eine Variable namens "Zaehler"
  zum Zählen von Vorgängen verwendet, so kann sie nur ganzzahlige positive Werte annehmen. Die Zuweisung Zaehler:=-1.5
  ergibt keinen Sinn. Der Radius eines Kreises andererseits
  ist eine beliebige positive Zahl. Die Zuweisung Radius:=0.5
  ist durchaus sinnvoll. Man sieht: die Variablen "Zaehler"
  und "Radius" sind von unterschiedlichem Typ, sie können
  Werte unterschiedlicher Arten aufnehmen. Die Festlegung
  des Datentyps für jede Programmvariable ermöglicht es dem
  Compiler, Zuweisungen (und andere Programmbefehle) auf ihre
  Richtigkeit oder zumindest auf "Vernünftigkeit" zu prüfen.

- Je nach ihren möglichen Werten belegen Variable im Hauptspeicher des Computers verschieden große Bereiche. Die ganze
  Zahl 103 kann z. B. in einem einzigen Byte gespeichert werden, die Zeichenkette "Guten Tag, liebe Freunde" benötigt
  mindestens 24 Bytes. Der Compiler muß also wissen, wieviele
  Bytes er jeder Variablen im Hauptspeicher zu spendieren
  hat. Eben dies erfährt er aus der Typ-Deklaration.

Die Deklaration der Variablen erfolgt vor dem ersten Anweisungsblock hinter dem reservierten Wort "VAR" und hat folgende
allgemeine Form:

VAR namen1:typ1; namen2:typ2; namen3:typ3; etc.

"namen1" steht für eine Liste von Namen von Variablen des Typs
"typ1","namen2" für Variablen des Typs "typ2" etc. Innerhalb der
Namenslisten sind die Variablennamen durch Komma getrennt:

VAR Radius, Umfang, Flaeche: real; Anzahl, Stueckzahl: integer;
    Anzeige: boolean;

Es müssen nicht alle Variablen gleichen Typs in einer einzigen
Deklaration auftreten. Das Beispiel könnte ebensogut lauten

VAR Radius, Umfang: real;
VAR Flaeche: real; Anzahl: integer;
VAR Anzeige: boolean; Stueckzahl:integer;

    Die konsequente Deklaration von Variablen ist keine Schika-
    ne, sondern dient der Programmsicherheit!

3.4.2 Ganze Zahlen: integer

Turbo Pascal bietet fünf Arten ganzzahliger Variablen. Normalerweise benötigt man jedoch nur den Typ "integer". Damit lassen
sich alle ganzen Zahlen zwischen -32768 und + 32767 darstellen.

Beispiel: VAR GanzeZahl:integer;
             BEGIN GanzeZahl:=3000 END.

3.4.3 Reelle Zahlen: real

Für Variable mit nicht ganzzahligen, das heißt beliebigen reellen
Werten gibt es den Datentyp "real" (ist ein Coprozessor vorhanden, sind drei weitere Typen verfügbar).

VAR Radius: real;

BEGIN Radius:=1.0; Radius:=-1.234; Radius:=-103.45E12

sind alles gültige Zuweisungen. Die Schreibweise "1.0" kennzeichnet die "real"-Zahl "Eins" im Gegensatz zu einer "integer"- Eins. 0.067E-5 bedeutet mathematisch $0.067*10^{-5}$ ("wissenschaftliche" Notation).

Die Genauigkeit der Darstellung reeller Variablen im Computer hängt von der Größe des dafür reservierten Speicherbereichs ab. Turbo Pascal sieht 6 Bytes pro real-Variable vor und ermöglicht damit eine Genauigkeit von etwa 11 Dezimalstellen. Der darstellbare Zahlenbereich ist so groß, daß er für die weitaus meisten technischen und wissenschaftlichen Anwendungen ausreicht.

Was unterscheidet die Datentypen integer und real?

- Im Gegensatz zu real-Größen werden ganzzahlige Variable "absolut" genau bearbeitet, das heißt ohne Rundung oder Abschneiden von Ziffern. Dafür ist ihr Wertebereich kleiner (siehe Kapitel 3.4.2).

- Der eigentliche Unterschied zwischen den Zahlentypen integer und real liegt in ihrer rechnerinternen Darstellung. integer-Zahlen werden aus der ganzzahlig-dezimalen in die ganzzahlig-binäre Schreibweise umgewandelt. Dieser Vorgang endet in jedem Fall nach endlich vielen Schritten, d.h. es entstehen auch nur endlich viele Binärziffern (z.B. 19728 = 0100110100010000). Solange diese in zwei Bytes untergebracht werden können (d.h. solange es sich um insgesamt höchstens 16 Bits handelt) ist die Darstellung "absolut" genau. real-Zahlen werden zwar ebenfalls durch Umwandlung vom Dezimalsystem in das Binärsystem dargestellt, doch endet das Verfahren im allgemeinen nicht von selbst, sondern geht unbegrenzt weiter (z.B. 0.2 = 0.0011001100110011...) Da rechnerintern jedoch nur begrenzt viele Binärstellen verfügbar sind (bei Turbo Pascal 48 Bits pro real-Zahl), muß die "unendliche" Bitfolge bei Erreichen der höchstmöglichen Bitzahl "künstlich" abgebrochen werden. Damit entsteht zwangsläufig ein "Rundungsfehler", der letzten Endes die Genauigkeit der Zahlendarstellung begrenzt.

3.4.4 Alphanumerische Zeichen: char

Variable dieses Typs werden durch

VAR name:char;

deklariert. Sie dienen nicht der Aufnahme von Zahlen, sondern von einzelnen Buchstaben oder anderen ASCII-Code-Zeichen. Jede char-Variable nimmt genau ein Zeichen als Wert auf. Natürlich kann man mit solchen Variablen nicht "rechnen". Vorwiegend benutzt man sie zur Überprüfung von "Bedingungen", z.B. zur Prüfung, welche Tastaturtaste gerade gedrückt wurde. Jede char-Variable belegt ein Byte im Hauptspeicher.

VAR Zeichen:char;
BEGIN Zeichen:='A'; Zeichen:='5'; Zeichen:='%';

sind erlaubte Zuweisungen. Sie sehen: die zugewiesenen Werte müssen in Hochkomma eingeschlossen werden.

Zeichen:='5' ordnet der Variablen "Zeichen" das Druckzeichen '5' (nicht die Rechenziffer 5 !) als Wert zu. zeichen:=5 ist nicht erlaubt, da hier versucht wird, einer Variablen des Typs char den **Zahlwert** 5 zuzuweisen.

3.4.5 Arithmetische Ausdrücke

Wie rechnet man in Pascal ? Ganz einfach: man benutzt die "normalen" Rechenzeichen (arithmetische Operatoren). Beispiele machen es deutlich:

```
Summe     := Summand1 + Summand2;    (* Addition: "+" *)
Differenz:= Minuend - Subtrahend;    (* Subtraktion: "-" *)
Produkt   := Faktor1 * Faktor2;      (* Multiplikation: "*" *)
```

Diese Schreibweisen gelten einheitlich für Daten vom Typ real und integer. Bei der Division besteht jedoch ein Unterschied:

```
Quotient := Dividend  /  Divisor;    (* real-Division:     "/" *)
Quotient := Dividend DIV Divisor     (* integer-Division: "DIV" *)
```

<u>Achtung:</u> 1.0/2.0 = 0.5 (real)   1 DIV 2 = 0 (integer)

Bei integer-Division wird nicht gerundet, sondern alle eventuell entstehenden Dezimalstellen werden einfach abgeschnitten!

3.4.6 Bereiche

Nur in ganz seltenen Fällen braucht man wirklich den gesamten Wertevorrat, den die Datentypen integer und char bieten. Fast immer genügen schon kleine Ausschnitte daraus: Will man z.B. eine Variable für einen üblichen Würfel deklarieren, so genügt der Zahlbereich 1 bis 6. Oder: Eine Variable für Großbuchstaben braucht lediglich den Bereich 'A' bis 'Z' abzudecken.

Diese exakte Deklaration von Variablen läßt auch Pascal zu; man muß lediglich anstelle des Standard-Datentyps integer oder char den exakten Bereich angeben, für den eine Variable deklariert werden soll.

```
VAR Wuerfel : 1 .. 6; GrossBuchstabe : 'A' .. 'Z';
BEGIN readln  (Wuerfel); GrossBuchstabe := 'X'
```

Jeder Versuch einer Zuweisung außerhalb des angegebenen Bereichs
führt zu einer Fehlermeldung des Compilers oder z.B. bei einer
Eingabeanweisung zum Abbruch des Programms zur Laufzeit. Ein-
schränkung: Falls Sie dem Compiler nicht mitgeteilt haben, daß er
die Überschreitung von Bereichsgrenzen prüfen soll, tut er's auch
nicht! Und so bestellt man diese Prüfung auf Einhaltung der Bereiche: "Options" aus dem Hauptmenü, darin "Compiler" und darin
wiederum "Range checking" auf "On" stellen.

Wir wollen nicht verschweigen, daß diese Sicherheit auch ihren
Preis hat: jede Kontrolle wird durch zusätzliche Kontrollbefehle
in dem Maschinenprogramm zu Ihrem Quellprogramm erzielt - und
dies verlängert sowohl den Code als auch die Laufzeit!

Unsere Empfehlung lautet:

    - Deklarieren Sie Variablen so eng wie möglich und testen Sie
      Ihr Programm mit allen möglichen Kontrollen aus.

    - Wenn Sie Ihr Programm "in Produktion" übernehmen, also ins-
      besondere als EXE-File ablegen (siehe Kapitel 3.3.8), soll-
      ten Sie es ohne Kontrollen übersetzen.

Dieses Vorgehen stellt einen guten Kompromiß zwischen Sicherheit
und Effizienz dar!

3.5   Schleifen

3.5.1 Allgemeines über Schleifen

Eine Schleife ist ein Teil eines Programms, der mehrmals nacheinander durchlaufen werden kann. Wie oft eine Schleife durchlaufen
wird, läßt sich häufig nicht vorher kalkulieren und hängt von dem
Vorliegen bzw. Eintreten bestimmter Bedingungen ab.

Pascal kennt drei Arten von Schleifen: die "Schleife mit Vorabfrage", die "Zählschleife" und die "Schleife mit Nachabfrage".

3.5.2 Schleife mit Vorabfrage: WHILE

Ein Beispiel: Sie wollen je ein Zeichen von der Tastatur eingeben
und auf dem Bildschirm darstellen, und zwar so lange, bis 'Z'
eingegeben wird. Bei 'Z' soll der Vorgang enden, ohne daß dieses
Zeichen noch ausgegeben wird.

```
PROGRAM ZeichenEinAus;
VAR Zeichen:char;

BEGIN
  readln(Zeichen);                (* erstes Zeichen lesen *)
  WHILE (Zeichen<>'Z') DO         (* Prüfung auf Schleifenende *)
   BEGIN                          (* Schleifenkörper Anfang*)
    writeln(Zeichen);             (* gelesenes Zeichen ausgeben *)
    readln(Zeichen);              (* nächstes zeichen lesen *)
   END;                           (* Schleifenkörper Ende *)
END.
```

Dieses Programm liest zunächst ein Tastaturzeichen in die Variable "Zeichen" ein. Zu Beginn der Schleife wird geprüft, ob die
Durchlaufbedingung erfüllt, d.h. ob der Wert von "Zeichen" nicht
gleich 'Z' ist. Ist die Bedingung erfüllt, so wird der Schleifenkörper durchlaufen, d.h. das Zeichen wird ausgegeben und ein
neues Zeichen eingelesen. Anschließend geht die Schleifenkon-

trolle an den Anfang zurück und prüft erneut die Durchlaufbedingung (jetzt mit dem zweiten eingegebenen Zeichen). Ist die
Laufbedingung nicht mehr erfüllt, wird die Schleife verlassen.

Wir sehen: die Schleife wird _solange_ immer wieder abgearbeitet,
wie die Durchlaufbedingung erfüllt ist. Die Prüfung erfolgt am
Schleifenanfang. Ist die Durchlaufbedingung von Anfang an nicht
erfüllt, wird die Schleife überhaupt nicht betreten. Die allgemeine Form einer Schleife mit Vorabfrage lautet:

WHILE (bedingung) DO anweisung;

Frei übersetzt: Führe die Anweisung(sfolge) aus, solange die
Durchlaufbedingung erfüllt ist (wie immer kann statt einer einzigen Anweisung auch eine Befehlsfolge BEGIN ... END stehen).

```
PROGRAM Sinusberechnung;
(* Potenzreihe der Sinusfunktion mit Restgliedabschätzung *)

VAR x,sinus,genauigkeit,summand,restglied:real; n:1..maxint;

BEGIN
   genauigkeit:=0.0000001;                  (* Genauigkeit *)
   write ('Eingabe x = '); readln(x);       (* in Bogenmass *)

   (* Anfangswerte setzen *)
   sinus    := 0.0;
   summand := x;
   n        := 1;
   restglied:=4.0/3.0*ABS(summand);         (* ABS: Absolutwert *)

                                            (* Schleifenbeginn *)
   WHILE (n<=x) OR (restglied>genauigkeit) DO BEGIN
      sinus:=sinus+summand;
      (* Nächsten Summanden und Restglied aufbauen *)
      n := n + 1; summand := summand * (x/n);
      n := n + 1; summand := -summand * (x/n);
      restglied := ABS (4.0/3.0*summand);  (* Abschätzung *)
   END;                                     (* Schleifenende *)

   writeln('x = ',x:8:4,'    sinus(x) = ',sinus:10:8);
   writeln('n = ',n:3,'       Restglied < ',restglied:10:8);
END.
```

Die Schleifenbedingung beruht auf der Restgliedabschätzung

$$\sin(x) = x - x^3/3! + x^5/5! - \ldots + x^{(2n+1)}/(2n+1)! + R(x,n)$$

$$
\begin{aligned}
R(x,n) \; &\le \; \mathrm{abs}(x^{(2n+3)}/(2n+3)!) + \mathrm{abs}(x^{(2n+5)}/(2n+5)! + \ldots \\
&\le \; \mathrm{abs}(x^{(2n+3)}/(2n+3)!) * (1 + (x/2n)^2 + (x/2n)^4 + \ldots) \\
&= \; \mathrm{abs}(x^{(2n+3)}/(2n+3)!) * 1/(1-(x/2n)^2) \\
&\le \; \mathrm{abs}(x^{(2n+3)}/(2n+3)!) * 4/3 \qquad \text{für } \mathrm{abs}(x)<n \\
&= \; 4/3*\mathrm{abs}(\text{erster nicht berücksichtigter Summand})
\end{aligned}
$$

abs(x) ist eine vordefinierte Pascal-Funktion und liefert den Absolutwert des Arguments x. Die Zuweisung summand:=summand*(x/n) ist korrekt, obwohl hier Variablen verschiedener Typen (real und integer) miteinander verknüpft werden. Pascal nimmt in solchen und ähnlichen Fällen eine automatischen Typkonvertierung von integer nach real vor.

3.5.3 Zählschleife: FOR

Zählschleifen werden verwendet, wenn die Anzahl der Schleifendurchläufe von vornherein festliegt. Als Beispiel wollen wir sämtliche 256 Zeichen des erweiterten ASCII-Codes auflisten.

```
PROGRAM Zeichenliste;
VAR i:0..255;
BEGIN
   FOR i:=0 TO 255 DO writeln (i:3,'   ',chr(i));
END.
```

chr(i) ist eine vordefinierte Funktion und liefert zu jeder ganzen Zahl i im Bereich 0...255 das zugeordnete ASCII-Zeichen.

Die allgemeine Form einer Zählschleife lautet

FOR Schleifenzaehler := Anfangswert TO Endwert DO Anweisung

Die Größen "Schleifenzaehler", "Anfangswert" und "Endwert" können vom Typ "integer" oder "char" (genauer: Abzählungs- oder "Or-
dinal"-Typen) sein. Natürlich muß normalerweise der Anfangswert
des Schleifenzählers kleiner als der Endwert sein. Ist dies nicht
der Fall, so wird die Schleife überhaupt nicht ausgeführt.

Sie können auch abwärts zählen: ersetzen Sie das Wort "TO" durch
"DOWNTO" und alles läuft wie gewünscht.

<u>Wichtig</u>: real-Variablen sind als Kontrollgrößen in Zählschleifen
nicht zulässig. Den Schleifenzähler können Sie <u>innerhalb</u> der
Schleife beliebig in Anweisungen verwenden, dürfen ihn allerdings
nicht verändern (etwa durch eine Wertzuweisung). Außerhalb, also
nach Ende der Schleifenbearbeitung, ist er undefiniert.

3.5.4 Schleife mit Nachabfrage: REPEAT

Schleifen mit Vorabfrage werden eventuell überhaupt nicht ausgeführt, nämlich dann, wenn die Durchlaufbedingung von Anfang an
nicht erfüllt ist. Bei einigen Aufgabenstellungen ist es aber
erforderlich, daß unter allen Umständen mindestens ein Durchlauf
stattfindet. Diesem Zweck dient eine andere Konstruktion, die
Schleife mit "Nachabfrage". Sie unterscheidet sich von der WHILE-
Schleife nur dadurch, daß jetzt die Prüfung auf Schleifenende
<u>nach</u> dem Durchlauf erfolgt und nicht vorher. Und noch ein forma-
ler Unterschied besteht: der Schleifenkörper wird auch dann nicht
durch BEGIN ... END eingeschlossen, wenn er aus mehreren Anweisungen besteht.

Die allgemeine Form einer Schleife mit Nachabfrage lautet

REPEAT Anweisung UNTIL Endbedingung;

Frei übersetzt heißt das: Wiederhole die Anweisung so lange bis
die Endbedingung eintritt.

Im folgenden Beispiel dient eine REPEAT-UNTIL-Schleife zur Überprüfung von Zahleneingaben auf korrekten Wertebereich.

```pascal
PROGRAM ZahlenEingabe;
VAR i:integer;
BEGIN
   REPEAT
      readln(i)
   UNTIL i < 0
END.
```

Die Schleife wird erst verlassen, nachdem für i eine negative
Zahl eingegeben wurde.

3.6   Alternativen

3.6.1 Zweiseitige Alternative: IF

Oft muß man die Art, wie ein Programm fortgesetzt wird, von bestimmten Bedingungen abhängig machen. So sollen z.B. über die
Tastatur zwei Zahlen eingegeben werden. Ist die zweite Zahl ungleich 0, so soll die erste durch die zweite Zahl dividiert werden. Andernfalls ist das Programm mit einer Meldung zu beenden.

```pascal
PROGRAM division;
VAR x,y,q:real;
BEGIN
   write('Geben Sie zwei Zahlen ein: '); readln(x,y);
   IF (y<>0)          (* Bedingungsprüfung für Division *)
   THEN
     (* then-Block *)
     BEGIN
        q:=x/y;
        writeln('x = ',x:8:4,'      ','y = ',y:8:4,'      ',
                'q = ',q:8:4);
     END
   ELSE
     (* else-Block *)
     writeln('Divisor ist null')
END.
```

Falls der Wert von y ungleich 0 ist, wird die durch BEGIN ... END eingeschlossene Anweisungsfolge hinter dem reservierten Wort "THEN" ausgeführt und die Anweisungsfolge hinter "ELSE" übergangen. Ist jedoch y gleich 0, wird umgekehrt der "THEN-Zweig" übergangen und der "ELSE-Zweig" ausgeführt. In beiden Fällen geht es mit der nächsten auf die IF-Anweisung folgenden Anweisung weiter. Eine Konstruktion dieser Art heißt "zweiseitige Alternative". Ihre allgemeine Form lautet:

IF Bedingung THEN Anweisung   ELSE Anweisung

Der "ELSE-Zweig" kann auch entfallen. Bei Nichterfüllung der IF-Bedingung verzweigt das Programm dann unmittelbar zu dem nächsten auf die Alternative folgenden Befehl:

IF Bedingung THEN Anweisung; nächste Anweisung

<u>Merke:</u> Vor dem reservierten Wort "ELSE" steht **kein** Semikolon!

3.6.2 Mehrseitige Alternative: CASE

So wie die Welt nicht schwarz oder weiß ist, so gibt es auch bei manchen Aufgabenstellungen mehr als nur zwei Alternativen.

Ein Beispiel: Über die Tastatur wird ein Zeichen eingegeben. Je nachdem, ob es sich um einen Großbuchstaben, einen Kleinbuchstaben, eine Ziffer oder ein Sonderzeichen handelt, ist eine entsprechende Bildschirmmeldung auszugeben. Obwohl sich auch dieses Problem mit zweiseitigen Alternativen lösen läßt, ist es einfacher, eine passende Ablaufstruktur (also eine mit mehr als zwei Verzweigungsmöglichkeiten) zu haben.

Die passende Ablaufstruktur ist die Mehrseitige Alternative. In ihr wird abhängig von dem Wert eines Auswahlausdrucks eine aus mehreren Alternativen ausgewählt und ausgeführt.

```
PROGRAM MehrseitigeAlternative;
VAR zeichen:char;
BEGIN
   write('Geben Sie ein Zeichen ein: '); readln(zeichen);
   (* Beginn der mehrseitigen Alternative *)
   CASE zeichen OF 'A'..'Z': writeln('Großbuchstabe');
                   'a'..'z': writeln('Kleinbuchstabe');
                   '0'..'9': writeln('Ziffer');
                   ELSE      writeln('Sonderzeichen')
   END  (* Ende der mehrseitigen Alternative *)
END.
```

Dieses Programm enthält eine 3-seitige Alternative mit ELSE-Fall. Die allgemeine Form dafür lautet

```
CASE Ausdruck OF     Konstante1: Anweisung1;

                     Konstante2: Anweisung2;

                     Konstante3: Anweisung3;

                     ELSE        Anweisung4;
END
```

"Ausdruck" ist irgendein berechneter oder anders bestimmter Ausdruck (im Beispiel der Wert der Variablen "Zeichen"), dessen Typ mit dem Typ der Konstante(n) übereinstimmt (es sind alle "einfachen" Datentypen außer "real" zulässig). Der Wert des Ausdrucks wird mit den angegebenen Konstanten (den Fallmarken) der Reihe nach verglichen und es wird diejenige Anweisung ausgeführt, bei welcher der Vergleich Übereinstimmung liefert. Alle Fallmarken müssen einander wechselseitig ausschließen, d.h. es muß sich um echte Alternativen handeln. Falls überhaupt keine Alternative zutrifft, wird die Anweisung nach "ELSE" ausgeführt.

Ähnlich wie bei der zweiseitigen Alternative kann der ELSE-Zweig auch entfallen.

3.6.3 Fast alles läßt sich schachteln

Zum Abschluß dieses Kapitels wollen wir die verschiedenen Ablaufstrukturen Schleife und Alternative in einem Beispiel zur Flächenberechnung nach der Trapezregel kombinieren. Die äußere WHILE-Schleife enthält mehrere eingeschlossene REPEAT- und IF-Konstruktionen, die innere Iterationsschleife enthält ihrerseits noch eine eingeschlossene Zählschleife. Insgesamt liegt damit eine dreifache Schachtelung vor.

```
PROGRAM trapezregel;
(* Berechnung der Flaeche unter der Kurve y=exp(x*x) *)

VAR a,b,e,h,altwert,neuwert,flaeche:real;
    n,i,grenz:1..2000;

BEGIN
   e:=0.01;                   (* Genauigkeit *)
   grenz:=1000;               (* Maximale Anzahl von Intervallen *)
   write('a = '); readln(a);

   WHILE a > 0  DO BEGIN      (* Hauptschleife Anfang *)
      REPEAT                  (* Eingabeschleife *)
         write('b = ');readln(b);
      UNTIL (a<b);
      n:=1;                      (* Anfangswert Intervallzahl *)
      neuwert:=0;                (* Anfangswert Flaechenberechnung *)

      (* Beginn der Iteration *)
      REPEAT
         n:=2*n;                 (* Anzahl Intervalle *)
         h:=(b-a)/(n+1);        (* Laenge der intervalle *)
         (* Flaechenberechnung nach Trapezregel *)
         flaeche:=exp(a*a) + exp(b*b);
         FOR i:=1 TO n DO
            flaeche:=flaeche+2.0*exp( (a+i*h)*(a+i*h) );
         flaeche:=flaeche*h/2.0;
         altwert:=neuwert;    (* Frueheren Wert speichern *)
         neuwert:=flaeche;    (* Neuen Wert speichern *)
      UNTIL (abs(altwert-neuwert)<e) OR (n>grenz);
      (* Ende der Iteration, es folgt die Ergebnisausgabe *)
```

```
    IF n > grenz
       THEN BEGIN
            writeln('Abgebrochen: n = ',n:6);
            writeln('Altwert: ',altwert:6:2);
            writeln('Neuwert: ',neuwert:6:2);
            END
       ELSE writeln('Flaeche = ',flaeche:6:2);

    write('a = '); readln(a)
  END                         (* Hauptschleife Ende *)
END.
```

Wenn man allgemein verschiedene Ablaufstrukturen miteinander
kombiniert, hat man folgende Regel zu beachten:

Jede Ablaufstruktur, die innerhalb einer äußeren Struktur
begonnen wurde, muß auch innerhalb der äußeren Struktur enden.

Im Bilde dargestellt bedeutet das:

erlaubt ist: nicht erlaubt ist:

```
┌─────── WHILE ... BEGIN       ┌─────── WHILE ... BEGIN
│  ┌──── REPEAT                │  ┌──── REPEAT
│  └──── UNTIL ...             └──┼──── END
└─────── END                      └──── UNTIL ...
```

Nebenbei bemerkt: Es gelingt mit den bisher vorgestellten Mitteln
von Pascal nur in Sonderfällen, eine syntaktisch korrekte Struk-
turverschränkung zu erzeugen (die dann allerdings im Ablauf uner-
wartete Resultate bringen ...)!

3.7   Logische Ausdrücke

Bedingungen oder "logische Ausdrücke" steuern den Ablauf von
Schleifen und Zweiseitigen Alternativen. Jeder logischer Ausdruck
hat entweder den Wert wahr ("true") oder falsch ("false").

Wie ist ein logischer Ausdruck aufgebaut?

- Im einfachsten Fall ist er eine Konstante (true oder false)
  oder eine Variable von diesem Typ (Standard-Datentyp: boolean). Beispiel:

```
VAR Bedingung : boolean;
BEGIN Bedingung := true; IF Bedingung THEN ...
```

- Häufiger gestaltet man eine Bedingung als Vergleich zweier
  Ausdrücke. Beispiel:

```
IF Zahl > 10 THEN ...
```

  Als Vergleichsoperatoren stehen in Pascal zur Verfügung:

```
<  kleiner                >  größer
<= kleiner oder gleich    >= größer oder gleich
=  gleich                 <> ungleich
```

- Soll eine Bedingung aus mehreren Teil-Vergleichen zusammen-
  gesetzt sein, so bietet Pascal hierfür logische Operatoren:

```
AND und        OR oder        NOT nicht
```

  Hiermit lassen sich dann schon beliebig komplizierte Bedingungen konstruieren. Beispiel:

```
WHILE (a=b) or (a=c)  DO BEGIN ...
```

Die Bedingung im Beispiel ist erfüllt, wenn a gleich b oder a
gleich c ist.

Boolesche Variablen setzt man üblicherweise ein, wenn man das Resultat eines Bedingungstests an anderer Stelle im Programm verwenden will. Beispiel:

```
VAR Ende : boolean;
BEGIN  Ende := (b=a) or (c=a);
        WHILE NOT Ende DO BEGIN ...
                Ende := ...
```

An diesem Beispiel kann man auch den Unterschied zwischen dem
Zuweisungsoperator ":=" und dem logischen Operator "=" sehen:
":=" ordnet einer Variablen einen Wert zu , "=" vergleicht zwei
Größen miteinander und liefert als Ergebnis "true", wenn beide
einander gleich sind, "false", wenn dies nicht der Fall ist".

3.8   Reihe: ARRAY

3.8.1 Eindimensionale Reihe

Angenommen, Sie wären wieder in der Schule und wollten den Noten-
durchschnitt Ihrer Klasse berechnen. Außerdem sollten die Einzelnoten für weitere Auswertungen erfaßt werden. Das könnten Sie mit
folgendem Programm (wir beschränken uns auf vier Schüler).

```
PROGRAM Notendurchschnitt;
VAR Schueler1,Schueler2,Schueler3,Schueler4: real;
    Durchschnitt: real;
BEGIN
  write('Eingabe Note von Schüler Nr. 1: '); readln(Schueler1);
  write('Eingabe Note von Schüler Nr. 2: '); readln(Schueler2);
  write('Eingabe Note von Schüler Nr. 3: '); readln(Schueler3);
  write('Eingabe Note von Schüler Nr. 4: '); readln(Schueler4);
  Durchschnitt:=(Schueler1+Schueler2+Schueler3+Schueler4)/4.0;
  writeln('Der Notendurchschnitt beträgt: ',Durchschnitt:4:1)
END.
```

Dieses Programm ist nicht nur umständlich zu schreiben, sondern auch ziemlich unflexibel: jedesmal, wenn sich die Schülerzahl ändert, müssen Sie es ebenfalls ändern. So geht es besser:

```pascal
PROGRAM Notendurchschnitt;
VAR Schueler : ARRAY[1..4] OF real; Durchschnitt:real;
    i:integer;
BEGIN
   FOR i:=1 TO 4 DO BEGIN     (* Eingabe der Einzelnoten *)
      write('Note von Schüler Nr. ',i:2,' '); readln(Schueler[i]);
   END;                       (* Ende der Eingabe *)
   Durchschnitt:=0.0;         (* Durchschnittsberechnung *)
   FOR i:=1 TO 4 DO Durchschnitt:=Durchschnitt+Schueler[i];
   Durchschnitt:=Durchschnitt/4;
   writeln('Der Notendurchschnitt beträgt: ',Durchschnitt:4:1)
END.
```

Statt wie oben für jede Einzelnote eine eigene Variable zu benennen, haben wir eine aus 4 Elementen bestehende "Reihe" namens "schueler" definiert. Jedes Element der Reihe nimmt genau eine Note auf. Anschließend haben wir die Reihenelemente in zwei Zählschleifen zunächst mit den Notenwerten versehen und anschließend zum Durchschnittswert verarbeitet.

Reihen werden in Pascal so deklariert:

```pascal
VAR Reihenname : ARRAY [m..n] OF Typ;
```

Dabei ist "Reihenname" irgendeine gültige Variablenbezeichnung, das reservierte Wort ARRAY kennzeichnet die Bezeichnung als Name einer <u>Reihe</u>, die Größen m und n bezeichnen die unteren und oberen Grenzen des "Reihenindexes" und legen damit gleichzeitig die Anzahl der Reihenelemente fest. "Typ" ist eine gültige Typbezeichnung, die den Datentyp der Reihenelemente angibt.

An eine Ablaufstruktur sollten wir uns im Zusammenhang mit Reihen erinnern: Zählschleifen eignen sich hervorragend, Reihen zu durchlaufen. Bei jedem Schleifendurchgang wird das jeweils nächste Reihenelement angesprochen.

Übrigens: wenn die Aufgabe nur darin bestanden hätte, den Noten-
durchschnitt zu bilden, ohne jedoch die Einzelnoten aufzuspei-
chern, wäre eine ganz einfache Lösung (ohne Reihe) möglich:

```
PROGRAM Notendurchschnitt;
VAR Note,Durchschnitt:real; i:integer;
BEGIN
   Durchschnitt:=0.0;
   FOR i:=1 to 4 DO BEGIN
      write('Note von Schüler Nr. ',i:2,' '); readln(Note);
      Durchschnitt:=Durchschnitt+Note;
   END;
   Durchschnitt:=Durchschnitt/4.0;
   writeln('Der Notendurchschnitt beträgt: ',Durchschnitt:4:1)
END.
```

3.8.2 Mehrdimensionale Reihe

Der Elementtyp einer Reihe kann selbst wieder eine Reihe sein. So
definiert

```
VAR Zweidim : ARRAY[1..4] OF ARRAY[1..6] OF integer;
```

eine Reihe Zweidim mit 4 Elementen, von denen jedes wiederum eine
Reihe mit 6 ganzzahligen Elementen ist. In der Mathematik nennt
man so etwas eine "rechteckige zweidimensionale Matrix". Wer es
lieber etwas kompakter mag, kann auch schreiben:

```
VAR Zweidim : ARRAY[1..4, 1..6] OF integer;
```

Beide Deklarationen haben dieselbe Wirkung. Einzelne Datenelemente werden durch Angabe beider Indizes bezeichnet: Zweidim[2][3] kennzeichnet die integer-Zahl Nr. 3 von Reihe Nr. 2.
Gleichbedeutend damit ist Zweidim[2,3].

Wer nun noch in die dritte oder noch höhere Dimensionen will,
der kann auch dies in Pascal: nach oben (d.h. in den Dimensionen)
sind dem Programmierer keine Grenzen gesetzt.

3.8.3 Eine Anwendung: Matrixmultiplikation

So wie die Elemente einer eindimensionalen Reihe durch einfache
Zählschleifen ansprechbar sind, verwendet man bei mehrdimensiona-
len Reihen geschachtelte Schleifen. Ein Beispiel: Das folgende
Programm multipliziert eine 10x4-Rechtecksmatrix mit einer 4x10-
Rechtecksmatrix, das Produkt ist eine 10x10-Matrix.

```
PROGRAM Matrixmult;
VAR Multiplikant:  ARRAY [1..10,1..4]  OF real;
    Multiplikator: ARRAY [1..4,1..10]  OF real;
    Produkt:       ARRAY [1..10,1..10] OF real;
    i,j:                1 .. 10;
    k:                  1 .. 4;
BEGIN
  (* ... Eingabe von Multiplikant und Multiplikator *)
  FOR i:=1 TO 10 DO
     FOR j:=1 TO 10 DO BEGIN
        Produkt[i,j]:=0.0;
        FOR k:=1 TO 4 DO
           Produkt[i,j]:= Produkt[i,j] +
                          Multiplikant[i,k]*Multiplikator[k,j]
     END
  (* ... Ausgabe von Produkt *)
END.
```


3.9 Zeichenkette: string

Variablen des Typs char haben die unpraktische Eigenschaft, daß
sie nur jeweils ein einziges Zeichen als Wert annehmen können.
Will man ganze Wörter oder gar Sätze bearbeiten, so benötigt man
Variable, die _mehrere_ Zeichen aufnehmen können. Sie heißen "Zeichenketten" (engl. "string") und werden durch

```
VAR Name : string[n]
```

deklariert. n ist dabei eine ganze positive Zahl, die angibt, wie viele Zeichen die betreffende Variable maximal enthalten kann. Ebensoviele Bytes belegt sie auch an Speicherplatz. Beispiel:

```
VAR Satz:string[20];          erklärt eine Variable namens "Satz",
```
die maximal 20 Einzelzeichen aufnehmen kann und 20 Bytes belegt.

```
Satz:='Heute ist  Dienstag';  ist eine erlaubte Wertzuweisung. Da
```
sie nur 18 Einzelzeichen übergibt (die Leerstellen zwischen den Worten zählen mit), wird der Rest mit weiteren Leerzeichen aufgefüllt.

Aus einer string-Variablen kann man einzelne Zeichen durch Angabe ihrer Position "ausblenden":

```
VAR Zeichen:char; Zeichenkette:string[20];
BEGIN Zeichenkette    :='Lampenschirm';
      Zeichen         :=Zeichenkette[5];
      Zeichenkette[2] :='u'
```

Nach Ausführung dieses Programmstücks enthält Zeichen den Wert 'e' und Zeichenkette 'Lumpenschirm'. Variablen und Werte der Typen char bzw. string können durch "+" "verkettet" werden. Die Zeichen(ketten) werden dabei einfach aneinander gehängt.

```
kette1:='Apfel';
kette2:='baum';
kette3:=kette1+kette2; (* kette3 erhält den Wert 'Apfelbaum' *)
```

Wer intensiver Textverarbeitung programmieren möchte, der sehe einmal in der interaktiven Hilfe von Turbo Pascal nach, welche Stringfunktionen und -prozeduren ihm seine Arbeit erleichtern können.

3.10 Verbund: RECORD

Reihen und Zeichenketten gehören zu den "strukturierten" Datentypen, da sie aus mehreren, zu einer "höheren" Einheit zusammengefaßten Elementen bestehen. Alle Elemente einer Reihe sind vom gleichen Typ. Häufig besteht jedoch das Bedürfnis, auch Daten <u>unterschiedlicher</u> Typen logisch zusammenzufassen. Hierzu bietet Pascal den Datentyp "RECORD" (deutsch: "Verbund").

<u>Fallstudie</u>: Die Artikeldatei eines Einzelhandelsunternehmens kann aus lauter Einträgen folgender Struktur bestehen:

```
Artikelnummer:    10-stellige Zeichenkette
Bezeichnung:      20-stellige Zeichenkette
Lieferant:
     Firma:       20-stellige Zeichenkette
     Straße:      10-stellige Zeichenkette
     Hausnr.:      3-stellige numerische Zeichenkette
     PLZ:          4-stellige numerische Zeichenkette
     Ort:         16-stellige Zeichenkette
     Tel.:
         Vorwahl:  5-stellige numerische Zeichenkette
         Ortswahl: 7-stellige numerische Zeichenkette
Einkaufspreis:    positive Dezimalzahl mit 2 Nachkommastellen
Lagermenge:       positive ganze Zahl
```

Ein Programm zur Lagerverwaltung kann demnach so beginnen:

```
PROGRAM Lager;
VAR Artikelnummer:    String[10];
    Bezeichnung:      String[20];
    Firma:            String[20];
        und so weiter bis
    Preis:            real;
    Menge:            0 .. maxint;
BEGIN (* Anweisungen *) END.
```

Der innere Zusammenhang der Einzeldaten kommt hier kaum zum Ausdruck. Auch kann in einer bestimmten Programmanweisung immer nur eine einzige der aufgeführten Variablen angesprochen werden. Der logische Gesamtbegriff "Lieferant" tritt nicht auf.

Als Alternative deklarieren wir einen "Verbund" namens "Eintrag",
der aus den Komponenten "Artikelnummer", "Bezeichnung", "Lieferant", "Preis" und "Menge" besteht. "Lieferant" ist selbst ein
weiterer Verbund mit den Komponenten "Firma", "Strasse",
"Hausnummer", "Plz", "Ort" und "Tel". Der Verbund "Tel" schließlich besteht nur aus den beiden Komponenten "Vorwahl" und "Orts-
wahl". Ersichtlich spiegelt sich die logische Struktur der Lager-
einträge genau in der Definition der Variablen "Eintrag" wieder.

```
PROGRAM Lager;
(* Deklaration einer Verbund-Variablen *)
VAR Eintrag: RECORD
             Artikelnummer: String[10];
             Bezeichnung:   String[20];
             Lieferant: RECORD
                     Firma:      String[20];
                     Strasse:    String[10];
                     Hausnummer: String[3];
                     Plz:        String[4];
                     Ort:        String[16];
                     Tel: RECORD
                         Vorwahl:  String[5];
                         Ortswahl: String[7];
                         END;
                     END;
             Preis:  real;
             Menge:  0 .. maxint
             END;
```

Allgemein wird eine Verbund-Variable so deklariert:

```
VAR Name: RECORD
            Komponente1:Typ1;

            Komponente2:Typ2;

            ...

            KomponenteN:TypN

          END
```

"Name" ist wie immer der Variablenname, auch eine Liste mehrerer
Namen ist möglich. "RECORD...END;" bezeichnen den Beginn und das
Ende der Deklaration. "Komponente:Typ;" deklariert die einzelnen
Komponenten des Verbunds. Jede Komponentendeklaration besteht

aus einem Komponentennamen und einer zugehörigen Typangabe.
Insbesondere kann ein Verbund weitere strukturierte Variablen
enthalten, z.B. Reihen, Zeichenketten und untergeordnete Verbunde.

Einzelne Verbundkomponenten werden durch Angabe der
Komponentenbezeichner ausgewählt: "Eintrag.Lieferant.Tel.Vorwahl"
ist die Komponente namens "Vorwahl" des Unter-Verbunds "Tel" des
Unter-Verbunds "Lieferant" des Verbunds "Eintrag". Weiter kann
eine bestimmte Komponente eines Verbundes für eine beliebige
Anweisungsfolge mit der WITH-Anweisung voreingestellt werden.
Ihre allgemeine Form lautet

WITH Verbundname DO Anweisung

In der Anweisungsfolge treten die einzelnen Komponenten nur noch
mit ihren Komponentennamen auf, der übergeordnete Verbundname erscheint nicht. Dies nutzen wir in unserem Programm "Lager" aus:

```pascal
BEGIN
    (* Komponenten 1. Stufe *)
    WITH Eintrag DO BEGIN
        writeln('Art.-Nr., Bezeichn.');
        readln (Artikelnummer,Bezeichnung);

        (* Komponenten 2. Stufe, geschachteltes "With" *)
        WITH Lieferant DO BEGIN
            writeln('Firma, Strasse, Hausnummer');
            readln (Firma,Strasse,Hausnummer);
            writeln('PLZ, Ort'); readln (Plz,Ort);

            (* Komponenten 3. Stufe, nochmaliges "With" *)
            WITH Tel DO BEGIN
                writeln('Vorwahl, Ortswahl');
                readln (Vorwahl,Ortswahl)
            END
        END;

        (* Hier wieder Komponenten erster Stufe *)
        writeln('Preis, Menge'); readln (Preis,Menge)
    END
END.
```

Strukturierte Daten <u>gleicher Typen</u> kann man nicht nur komponentenweise, sondern auch "als Ganzes" miteinander verknüpfen. Wären z.B. in dem Programmbeispiel "Lager" zwei Variablen Eintrag1 und Eintrag2 des Verbundtyps deklariert, so wäre auch folgende Zuweisung zulässig:

```
Eintrag1 := Eintrag2
```

Diese Zuweisung weist jeder Komponente von Eintrag1 den Wert der "gleichgeordneten" Komponente von Eintrag2 zu.

Ebenso könnte man auch die Gleichheit (oder Ungleichheit) beliebig komplexer, aber identisch deklarierter Strukturen prüfen lassen:

```
IF Eintrag1 = Eintrag2 THEN ...
```

Die Bedingung liefert genau dann den Wert "true", wenn alle gleichgeordneten Komponenten beider Variablen in ihren Werten übereinstimmen.

3.11 Typ-Vereinbarung: TYPE

Pascal bietet die Möglichkeit, für jede Anwendung zweckentspre-
chende Datentypen selbst zu definieren . Dies erleichtert nicht
nur die Programmierung, sondern   trägt auch zur größeren Übersichtlichkeit bei. Der folgende Programmrumpf zeigt ein Beispiel:

```
PROGRAM GeografischeKoordinaten;
TYPE LaengenTyp = RECORD
                    Grad    : 0..90;
                    Minute  : 0..59;
                    Sekunde : 0..59;
                    Richtung: char
                  END;
     BreitenTyp = RECORD
                    Grad    : 0..180;
                    Minute  : 0..59;
                    Sekunde : 0..59;
                    Richtung: char
                  END;
     OrtTyp     = RECORD
                    Ortsname: String[12];
                    Laenge  : LaengenTyp;
                    Breite  : BreitenTyp
                  END;

VAR Stadt : OrtTyp;
```

Zunächst definieren wir in dem Beispiel zwei Datentypen "Laengen-
Typ" und "BreitenTyp". Beide benutzen wir zur Definition eines
weiteren Datentyps "OrtTyp" und diesen Datentyp wenden wir
schließlich zur Deklaration der Variablen "Stadt" an. Keine der
von   uns definierten Datentypen sind Variablen, sondern dienen
nur der Struktur-Beschreibung. Sie brauchen daher auch weder
Speicherplatz im Maschinenprogramm, noch verlängern sie seine
Laufzeit. Also: Die Definition eigener Datentypen bietet nur
Vorteile! Die allgemeine Form einer Typdefinition lautet

```
TYPE Name = Typkennung;
```

Typkennung ist eine Beschreibung der Struktur des neuen Datentyps
unter Verwendung anderer, bereits bekannter Typangaben.

3.12 Ein- und Ausgabe von Daten

3.12.1 Bildschirm und Tastatur

Zur Eingabe und Ausgabe z.B. von Zahlenwerten und Zeichenketten
haben wir bisher die Anweisungen

```
write   (var1, var2, ... ,varN);
writeln (var1, var2, ... ,varN);
read    (var1, var2, ... ,varN);
readln  (var1, var2, ... ,varN)
```

verwendet. var1,...,varN ist jeweils eine Liste von Variablen
der Typen integer, real, boolean, char oder string. Mit den Anweisungen read und write können wir Daten der Reihe nach ein- und
ausgeben. Mit der readln-Anweisung werden alle nicht zugewiesenen Tastatureingaben bis zum Zeilenende überlesen; mit writeln
wird in der Ausgabe ein Zeilenende erzeugt.

Bei write und writeln können an die Stelle der Variablen auch
Konstanten oder Ausdrücke treten, eventuell noch durch Formatie-
rungszusätze ergänzt. Ein Beispiel:

```
write (a:6:2, b:8, (2.4+7.9)*2)
```

Die real-Variable a als 6-stelliges Feld wird mit 2 Dezimalstellen, die integer-Variable b auf 8 Stellen und die Zahl 30.6 in
Exponentialform ("wissenschaftliche Notation") ausgegeben.

3.12.2 Textdateien

Ein- und Ausgabe von Daten allein von Tastatur und auf Bildschirm
reicht für viele Anwendungen nicht aus. Will man z.B. ein Programm zur Verarbeitung von Wahlergebnissen schreiben, wie es z.B.
Framework in Kapitel 2.4.3 tut, dann kann man keinem Anwender
dieses Programmes zumuten, mit jedem Programmstart sämtliche Daten über die Tastatur vorzugeben. Hier ist eine andere Form der
Eingabe nötig: aus einer Datei der Festplatte oder Diskette.

Aber beginnen wir mit der Ausgabe auf Datei:

```
PROGRAM AusTest;
VAR Ausgabe : text;
BEGIN
      assign  (Ausgabe, 'lpt1');
      rewrite (Ausgabe);
      writeln (Ausgabe, 3,5,7);
      close   (Ausgabe)
END.
```

In Zeile 2 von "AusTest" wird eine Variable namens "Ausgabe" vom
neuen Standardtyp "text" deklariert. Dies ist unsere "logische
Ausgabeeinheit". Die Typenkennzeichnung "text" besagt, daß in die
Einheit - genau wie auf den Bildschirm - druckbare Zeichen
(Buchstaben, Ziffern, Sonderzeichen) geschrieben werden können,
nicht aber Daten anderer Art.

"assign" ordnet der logischen Einheit "Ausgabe" eine "physische
Einheit" zu, das heißt ein wirklich vorhandenes Gerät. Hier handelt es sich um "lpt1", also den am PC angeschlossenen Drucker.

Jedes Ein-/Ausgabegerät muß zunächst "eröffnet" werden. Dies bewirkt die Anweisung "rewrite". Anschließend werden mit "writeln"
die drei Ziffern 3,5,7 auf die logische Einheit "Ausgabe" geschrieben, d.h. sie werden ausgedruckt. Schließlich wird mit
"close" die Ausgabeeinheit "geschlossen".

Namen logischer Einheiten können in Pascal beliebig gewählt werden. Die Namen der physikalische Einheiten sind durch das Betriebssystem MS-DOS festgelegt. Es bedeuten:

'CON'   Rechnerkonsole, d.h. Tastatur und Bildschirm
'LPT1', 'LPT2'   Drucker Nr. 1 und Nr. 2
'COM1', 'COM2'   serielle Schnittstelle Nr. 1 und Nr. 2
'NUL'   die "Nulleinheit"

Auch Plattendateien sind als physische Einheiten möglich:

assign (Ausgabe,'b:werte.dat')

ordnet der Einheit "Ausgabe" die Diskettendatei "b:werte.dat" zu. Die ausgegebenen Daten werden in dieser Datei gespeichert.

rewrite (LogName)

eröffnet eine logische <u>Ausgabeeinheit</u>. Die Wirkung ist je nach tatsächlich zugeordneter physischer Einheit verschieden. Beim Drucker erfolgt z.B. ein Blattvorschub, eine Plattendatei wird neu in das Inhaltsverzeichnis der Platte eingetragen, falls sie nicht bereits vorhanden ist.

reset (LogName)

eröffnet eine logische <u>Eingabeeinheit</u>. Wenn es sich um eine Plattendatei handelt, muß sie bereits vorher vorhanden sein.

Auf logische Geräte vom Typ "text" kann nach dem Eröffnen mit

```
    write   (LogNam, var1, var2, ... ,varN);
    writeln (LogNam, var1, var2, ... ,varN);
    read    (LogNam, var1, var2, ... ,varN);
    readln  (LogNam, var1, var2, ... ,varN);
```

zugegriffen werden. Die Wirkung der Anweisungen ist die gleiche
wie bei einer Bildschirmausgabe und wie dort dürfen die angespro-
chenen Variablen nur Werte der Typen integer, real, boolean und
char enthalten (druckbare Werte).

Da Ein/Ausgabegeräte und Plattendateien programmiertechnisch
identisch behandelt werden, ist die gemeinsame Bezeichnung "Dateien" für beide gerechtfertigt. Logische Dateien werden in einer
Variablenvereinbarung definiert, physikalische Dateien in einer
assign-Anweisung.

3.12.3 Allgemeine Dateien

Textdateien eignen sich sich zur Ein- und Ausgabe druckbarer Daten und damit zur Kommunikation zwischen Mensch und Computer.
Jede Eingabe z.B. einer Zahl bedeutet erheblichen Aufwand für den
Computer: er muß die Zeichen-Darstellung der Zahl in ihre interne
Darstellung wandeln - bei langen Datensätzen kann dies merkbar
die Laufzeit des Programms verlängern. Dasselbe Problem stellt
bei der Ausgabe auf Textdatei.

Anders bei allgemeinen Dateien: Jedes Datum wird in seiner inter-
nen Darstellung in der Datei gespeichert. Mehr noch: Die Ein-
und Ausgabe ist einfacher, da beliebig komplexe Strukturen mit
einer read- oder write-Anweisung bewegt werden können. All' dies
ist in dem folgenden Programm enthalten. Es ermöglicht die Tasta-
tureingabe einer beliebigen Zahl von Städten mit ihren geografi-
schen Koordinaten und das Speichern in Datei "b:orte.dat".

```
PROGRAM Staedtedatei;
TYPE  (* LaengenTyp, BreitenTyp und OrtTyp siehe S. 178 *)
VAR Stadt: OrtTyp; Ortsdatei: FILE OF OrtTyp; Weiter: char;
```

```pascal
BEGIN
   assign(Ortsdatei,'b:orte.dat');   (* Logische/Phys. Datei *)
   rewrite (Ortsdatei);              (* Datei neu anlegen *)

   REPEAT                            (* Weitermachen ? *)
   write('Weiter (j/n) ? '); readln(weiter)
   UNTIL (weiter='j') OR (weiter='n');

   WHILE (weiter='j') DO BEGIN
      (* Städtenamen und geografische Koordinaten eingeben *)
      writeln('Eingabe Stadt '); readln(Stadt.Ortsname);
      writeln('Eingabe Laenge: Grad Minute Sekunde,Richtung');
      WITH Stadt.Laenge DO readln(Grad,Minute,Sekunde,Richtung);
      writeln('Breite: Grad Minute Sekunde, Richtung');
      WITH Stadt.Breite DO readln(Grad,Minute,Sekunde,Richtung);

      write(Ortsdatei,Stadt);       (* In Datei schreiben *)

      REPEAT      (* Weitermachen ? *)
         write('Weiter (j/n) ? ');readln(weiter);
      UNTIL ( (weiter='j') OR (weiter='n') )
   END;
   close (Ortsdatei)               (* Datei schließen *)
END.
```

Dieses Programm wollen wir genau analysieren. Zunächst wird ein
Datentyp namens "OrtTyp" (siehe Kapitel 3.11) erklärt. Mit dem
reservierten Pascalbegriff "FILE OF" legt die Deklaration

```pascal
VAR Ortsdatei: FILE OF OrtTyp;
```

anschließend eine Dateivariable namens "Ortsdatei" fest (logische
Datei). Ihre Komponenten sind jeweils vom Datentyp "OrtTyp". All-
gemein wird mit "FILE OF TypName" eine Datei mit Elementen des
Typs "TypName" erklärt. Solche Dateien gelten als strukturierte
Datentypen eigener Art.

Als Operationen auf allgemeinen Dateien sind genau wie bei
Textdateien assign, rewrite, reset und close zugelassen. Anders
sieht das bei den Ein-/Ausgabeanweisungen aus:

read (LogDatei,var1, var2,...) liest Datensätze des Datentyps der Datei-Komponenten aus der LogDatei und

write (LogDatei,var1, var2,...) schreibt Datensätze des Datentyps der Datei-Komponenten in die Datei LogDatei.

Die Anweisungen readln und writeln sind natürlich bei allgemeinen Dateien nicht zulässig - schließlich gibt es bei ihnen keine Zeilenstruktur!

Pascal-Dateien werden grundsätzlich sequentiell bearbeitet. Beim Eröffnen wird ein interner Zeiger auf das erste Datenelement in der Datei gesetzt und anschließend bei jedem Zugriff um 1 erhöht, so daß das jeweils nächstfolgende Element angesprochen werden kann. Bei Dateien mit Datenelementen fester Länge (nicht bei Dateien vom Typ text), ist auch ein wahlfreier Zugriff möglich. Hierzu existiert die Anweisung

seek (LogDatei,n)

durch die der interne Zeiger auf Datenelement Nr. n gesetzt wird, auf das demnach als nächstes mit read oder write zugegriffen werden kann. Die Zählung von n beginnt bei n=0 (erstes Datenelement)

Bei sequentiellem Lesen einer Datei muß man erkennen, wann das Dateiende erreicht ist. Hierzu dient die Standardfunktion

eof (LogDatei)

vom Typ boolean (eof = end of file). Sie hat den Wert false, wenn das Dateiende noch nicht erreicht ist, nach Lesen des letzten Datenelements wird sie true.

3.13 Unterprogramme

3.13.1 Prozeduren

Häufig sind bestimmte Vorgänge innerhalb eines größeren Programms an verschiedenen Stellen auf gleiche oder jedenfalls "ähnliche" Weise durchzuführen. Dabei kann es sich um wiederkehrende Berechnungen handeln, aber auch andere Operationen sind denkbar. Natürlich kann man die zugehörige Anweisungsfolge jedesmal erneut hinschreiben, doch ist das auf die Dauer ermüdend und fehleranfällig.

Besser ist es, Operationen zu einer "Prozedur" zusammenzufassen, die nur einmal geschrieben werden muß und dann von verschiedenen Stellen innerhalb eines übergeordneten Programms aus "aufgerufen" werden kann. Beim Aufruf einer Prozedur wird das "rufende" Programm temporär unterbrochen, die Anweisungen der Prozedur werden durchgeführt und anschließend wird das Hauptprogramm an der Unterbrechungsstelle fortgesetzt.

Außer zur Einsparung von Programmcode benützt man Prozeduren auch zur bessere Gliederung umfangreicher Programme.

Beispiel: Berechnung von Wurzeln nach dem Newton-Verfahren.

Dem Programm liegt die Newton'sche Näherungsformel zur Nullstellenberechnung einer reellen differenzierbaren Funktion zugrunde: $X_1=X_0-f(X_0)/f'(X_0)$. Die Berechnung von $w=\sqrt[n]{r}$ ist gleichbedeutend mit dem Aufsuchen der Nullstelle $X=w$ der Funktion $y=f(X)=X^n-r$. Einsetzen in die Newtonformel führt zu

$$X_1 = X_0 - (X_0^n-r)/(n*X_0^{n-1}) = X_0 - X_0/n + r/(n*X_0^{n-1})$$
$$= [(n-1)*X_0 + r/X_0^{n-1}]/n$$

und somit auf die Iteration $X:=[(n-1)*X + r/X^{n-1}]/n$

```pascal
PROGRAM Wurzelberechnung;

VAR r,w,e:real; n:integer; fertig:boolean;
(* Globale Variablen:
   r = Radikant, reell, positiv             *** Eingabe
   n = Wurzelexponent, ganzzahlig, positiv *** Eingabe
   e = Genauigkeit, reell, positiv          *** Eingabe
   w = n-te Wurzel aus r                    *** Ausgabe
   fertig = Kennzeichen für Programmende *)

PROCEDURE Potenz(x:real; m:integer; VAR y:real);
(* Berechnung von y=xm durch wiederholte Multiplikation
   Eingangsparameter: x = reelle Zahl
   m = natuerliche Zahl
   Ausgangsparameter: y = xm *)
VAR i:integer;
BEGIN y:=1; FOR i:=1 TO m DO y:=y*x; END;

PROCEDURE Wurzel(x,d:real; m:integer; var y:real);
(* Berechnung von y=m x der durch Iteration
   nach dem Newton-Verfahren.
   Eingangsparameter: x = Radikant, reell, positiv
   m = Wurzelexponent, natuerliche Zahl
   d = Genauigkeitsschranke, reell, positiv
   Ausgangsparameter: y = m x mit  (ym-x) <d
   Prozeduren: potenz(x,m,y) zur Berechnung von y=xm *)
VAR t,u:real; (* Lokale Variable *)
BEGIN
   REPEAT
      Potenz(y,m-1,u);          (* u:=ym-1 *)
      y:=((m-1)*y + x/u)/m;  (* Newton-Formel *)
      Potenz(y,m,u);             (* u:=ym für Genauigkeitsschätz. *)
      IF (u-x)>0 THEN t:=u-x ELSE t:=x-u   (* t:= Betrag(x-u) *)
   UNTIL (t<d);
END;

PROCEDURE Werteingabe ;
BEGIN
   write ('Eingabe Wurzelexponent n: n = '); readln (n);
   fertig := n <= 0;
   IF fertig
      THEN (* fertig ist nunmal fertig *)
      ELSE BEGIN
         write ('Eingabe Radikant r = ');    readln (r);
         write ('Eingabe Genauigkeit e = '); readln (e);
         write ('Eingabe Anfangswert w = '); readln (w)
      END
END;
```

```
PROCEDURE Wertausgabe;
BEGIN
writeln(' '); writeln('r = ',r:8:4,'      ','y = ',w:8:4);
END;

(* Hauptprogramm *)
BEGIN
   Werteingabe;
   WHILE NOT fertig DO BEGIN
      Wurzel (r,e,n,w);
      Wertausgabe;
      Werteingabe
   END
END.
```

Das Gesamtprogramm "Wurzelberechnung" besteht aus dem Hauptprogramm und den vier Prozeduren "Potenz", "Wurzel", "Werteingabe" und "Wertausgabe". Jede Prozedur erfüllt eine bestimmte Aufgabe. Das Hauptprogramm selbst enthält nur Prozeduraufrufe.

Schauen wir uns die Prozedur "Potenz" genauer an. Das reservierte Wort "PROCEDURE" bezeichnet den Beginn der "Prozedurdefinition". Es folgt der frei wählbare Prozedurname (hier "Potenz"), hinter dem in Klammern die Namen der "Prozedurparameter" angeführt sind. Jeder Name bezeichnet einen "Platzhalter", der beim späteren Prozeduraufruf durch einen tatsächlichen Wert besetzt wird. Die Typen der Platzhalter sind in der Prozedurdefinition angegeben und müssen mit den Typen der beim Aufruf übergebenen Werte übereinstimmen. Auch und gerade selbstdefinierte Typen sind zulässig.

Ist Ihnen aufgefallen, daß vor den Parametern x und m "nichts" steht, vor dem Parameter y aber noch das reservierte Wort "VAR" ? Der Unterschied ist sehr wichtig:

- Steht nichts vor einem Parameter, so kann die damit an die
  Prozedur übergebene Variable lediglich <u>innerhalb</u> der Prozedur verwendet werden, aber nicht zur Übergabe von Ergebnis-

sen nach außen. Konkret heißt dies: gleichgültig, was Sie
mit dem Parameter x im Inneren der Prozedur anfangen, nach
Prozedurende hat die zugehörige Variable immer noch den
Wert, den sie vor Eintritt in die Prozedur besaß.

- Steht dagegen die Kennzeichnung "VAR" vor einem Prozedurparameter, so wirkt sich jede Änderung dieses Parameters innerhalb der Prozedur _auch_ auf die zugehörige Aufrufvariable
  aus. Mit anderen Worten: Sie können damit z.B. Ergebnisse
  von Berechnungen an das aufrufende Programm übergeben.

Also: Prozedurparameter, mit denen Ergebnisse an das aufrufende
Programm übergeben werden sollen, müssen stets mit VAR in der Parameterliste definiert werden. Und noch etwas ist wichtig: Die
Prozedurparameter sind _ausschließlich_ Platzhalter für die beim
Aufruf zu übergebenden echten Variablen. Das bedeutet insbesondere, daß ein Prozedurparameter vor dem Aufruf keinerlei definierten Wert besitzt, und zwar auch dann nicht, wenn der Name des
Parameters mit dem Namen einer Variablen außerhalb der Prozedur
übereinstimmt.

Schauen Sie dazu nochmals das Programm zur Wurzelberechnung an:
Die Prozeduren "Potenz" und "Wurzel" enthalten beide die Prozedurparameter x, m und y. Das x aus "Potenz" hat aber mit dem x
aus "Wurzel" nicht das geringste zu tun, ebenso wenig wie das m
und das y mit den gleichnamigen Größen der jeweils anderen Prozedur. Die Namensgleichheit ist lediglich "zufällig". Benötigt eine
bestimmte Prozedur im Übrigen gar keine Aufrufparameter, so ent-
fällt die Parameterliste in der Prozedurdefinition.

Außer den Aufrufparametern benötigen viele Prozeduren auch noch
"lokale" Variablen. Prozedur "Potenz" verwendet z.B. die Variable
"i" in einer Zählschleife. Solche Variablen werden genau wie bei
Hauptprogrammen innerhalb des Prozedurkörpers deklariert und be-

sitzen auch nur innerhalb derselben Prozedur Bedeutung. Anders gesagt: gleich benannte lokale Variablen in verschiedenen Prozeduren haben ebenfalls nichts miteinander zu tun.

Der allgemeine Aufbau einer Prozedur entspricht bis auf die Zeile "PROCEDURE" völlig demjenigen eines Hauptprogramms. Die letzte "END"-Anweisung wird allerdings mit einem Semikolon ";" und nicht wie bei Hauptptrogrammen mit einem Punkt "." abgeschlossen.

3.13.2   Lokale und globale Gültigkeit von Objekten

In Pascal besitzt jedes Objekt (z.B. Variable, Prozedur) einen bestimmten "Gültigkeitsbereich", innerhalb dessen sein Wert oder seine Definition bekannt und zugänglich ist. Objekte, die innerhalb einer Prozedur deklariert werden, gelten "lokal" innerhalb des betreffenden Prozedurkörpers, aber nicht außerhalb. Enthält der betreffende Prozedurkörper noch weitere Unterprozeduren, so gilt ein lokales Objekt auch in diesen. Objekte, die im Hauptprogramm außerhalb aller Prozeduren erklärt wurden, gelten auch in allen eingeschlossenen Prozeduren.

```
PROGRAM Haupt;
VAR i,j,k: integer;
   PROCEDURE Unter1;
   BEGIN (* Prozedurkörper von Unter1 *) END;
   PROCEDURE Unter2;
   VAR r: real;
   BEGIN (* Prozedurkörper von Unter2 *) END;
   PROCEDURE Unter3;
   VAR p,q: integer;
      PROCEDURE Unter3a;
      VAR s:real;
      BEGIN (* Prozedurkörper von Unter3a *) END;
   BEGIN (* Prozedurkörper von Unter3 *) END;
BEGIN (* Hauptprogrammkörper *) END.
```

Die Variablen i, j und k gelten im Hauptprogramm und in sämtlichen Unterprogrammen. Variable r gilt   nur   in Unterprogramm "Unter2", die Variablen p und q gelten in den Unterprogrammen "Unter3" und "Unter3a". Variable s gilt nur in Unterprogramm "Unter3a". Prozedur "Unter3a" ist nur in Prozedur "Unter3" aufrufbar.

Was ist nun, wenn ein übergeordnetes Programm eine globale Variable und ein im übergeordneten Programm enthaltenes Unterprogramm eine lokale Variable gleichen Namens deklarieren? Pascal bleibt konsequent: innerhalb des Unterprogramms wird die betreffende Variable als lokal behandelt, die "globale" Eigenschaft ist temporär außer Kraft gesetzt. Nach Verlassen des Unterprogramms bekommt die Variable ihren vorigen "globalen" Wert wieder zurück.

3.13.3 Funktionen

Funktionen sind nichts anderes als eine besondere Gruppe von Prozeduren. Betrachten Sie nochmals die Potenzberechnung im Beispiel des vorletzten Absatzes. Das wesentliche dabei ist, daß die Prozedur zu je zwei Eingangswerten x und m genau einen Ausgangswert y liefert. In der Mathematik bezeichnet man einen solchen Zusammenhang als "Funktion": $y=f(x,m)$. Die Prozedur namens "potenz" bildet das Pascal-Gegenstück zu der Funktion $y=x^m$.

Da Funktionen in der Praxis häufig benutzt werden, stellt Pascal für sie eine besondere Schreibweise zur Verfügung. Das folgende Programmbeispiel zur Wurzelberechnung unterscheidet sich von dem vorigen nur dadurch, daß die Prozeduren "Potenz" und "Wurzel" durch Funktionen ersetzt sind. Außerdem tritt noch eine zusätzliche "eingebaute" Funktion namens "abs" zur Berechnung des Absolutwerts einer reellen Zahl auf.

```pascal
PROGRAM Wurzelberechnung;
(* Globale Variablen:
   r = Radikant, reell, positiv             *** Eingabe
   n = Wurzelexponent, ganzzahlig, positiv *** Eingabe
   e = Genauigkeit, reell, positiv          *** Eingabe
   w = n-te Wurzel aus r                    *** Ausgabe
   fertig = Kennzeichen für Programmende, boolean *)
VAR r,w,e:real; n:integer; fertig:boolean;
FUNCTION Potenz(x:real;m:integer):real;   (* Funktion *)
(* Berechnung von y=xm
   Eingangsparameter: x = reelle Zahl, m = natürliche Zahl *)
VAR i:integer; y:real;
BEGIN
   y:=1;
   FOR i:=1 TO m DO y:=y*x;
   POTENZ:=y;                              (* Funktionswert *)
END;
FUNCTION Wurzel(x,d:real;m:integer):real; (* Funktion *)
(* Berechnung von y=m x
   Eingangsparameter: x = Radikant, reell, positiv
                      m = Wurzelexponent, natürliche Zahl
                      d = Genauigkeitsschranke, reell,  positiv
   Verwendete Funktionen: potenz(x,m) zur Berechnung von y=xm,
                abs(x) zur Berechnung  des Absolutwertes von x *)
VAR y,u:real;
BEGIN
   y:=1;
   REPEAT
      u:=Potenz(y,m-1);        (* u:=ym-1 *)
      y:=((m-1)*y + x/u)/m;    (* Newton-Formel *)
      u:=Potenz(y,m);          (* u:=ym für Genauigkeit *)
   UNTIL (ABS(x-u)<d);         (* Schranke für Abbruch *)
   Wurzel:=y;                  (* Funktionswert *)
END;
PROCEDURE Werteingabe;                      (* Prozedur *)
BEGIN
   write ('Eingabe Wurzelexponent n: n = '); readln (n);
   fertig := n <= 0;
   IF fertig
      THEN (* fertig ist nunmal fertig *)
      ELSE BEGIN
         write ('Eingabe Radikant r = ');    readln (r);
         write ('Eingabe Genauigkeit e = '); readln (e)
      END
END;
PROCEDURE Wertausgabe;                      (* Prozedur *)
BEGIN
   writeln(' '); writeln('r = ',r:8:4,'     ','w = ',w:8:4);
END;
BEGIN (* Hauptprogramm*)
   Werteingabe;
   WHILE (NOT fertig) DO BEGIN
      w:=Wurzel(r,e,n); Wertausgabe; Werteingabe
   END
END.
```

Die allgemeine Definition einer Funktion lautet:

```
FUNCTION Name(par1, par2,...,parN): Funktionstyp;
VAR (* Liste lokaler Variablen *);
BEGIN
   (* Anweisungen *)
   name:= (* eine geeignete Zuweisung vom Typ "Funktionstyp" *)
END;
```

Das reservierte Wort "FUNCTION" kennzeichnet den Beginn der Funktionserklärung, "Name" ist die eindeutige Funktionsbezeichnung,
"Funktionstyp" bezeichnet den Typ des (einzigen) von der Funktion
gelieferten Ergebniswerts. Der "Körper" einer Funktion entspricht
weitgehend demjenigen einer Prozedur. Nur eines kommt hinzu: innerhalb des Funktionskörpers muß eine Anweisung stehen, die den
Funktionsnamen mit einem Wert vom Typ "Funktionstyp" verknüpft.

Der Aufruf einer Funktion erfolgt durch eine Wertzuornung innerhalb des rufenden Programms von der Art

Variable:= Funktionsname (Parameterliste);

Alles, was über Parameter und lokale bzw. globale Variable von
Prozeduren gesagt wurde, gilt auch für Funktionen. Funktionen
bieten also nichts eigentlich Neues. Es handelt sich lediglich um
vereinfachte Schreibweisen für Prozeduren, die genau einen
einzigen Ergebniswert zurückliefern sollen.

Turbo Pascal enthält intern eine große Zahl vordefinierter Prozeduren und Funktionen zur Bearbeitung häufig wiederkehrender Standardprobleme. Ihre vollständige Aufzählung oder gar Beschreibung
würde den Rahmen dieser Einführung bei weitem sprengen. Schauen
Sie bei Bedarf in das Turbo Pascal-Handbuch oder beschaffen sie
sich eines der zahlreichen ausführlichen Lehrbücher.

3.14 Was Turbo Pascal sonst noch bietet

3.14.1 Mengen

Die Mengenlehre ist eine grundlegende mathematische Disziplin mit
vielfältigen Ausstrahlungen auf andere Gebiete. Eine Menge ist
die Zusammenfassung mehrerer qualitativ gleichartiger Dinge
("Mengenelemente") unter einem gemeinsamen Oberbegriff. Beispiel:

- die Menge aller Fertigungsprodukte eines Unternehmens oder
- die Menge aller natürlichen Zahlen zwischen 1 und 50

Pascal kennt für Mengen einen eigenen Datentyp namens "SET" (das
ist die englische übersetzung des Worts "Menge"). Jede Menge wird
stets durch eckige Klammern gekennzeichnet, zwischen denen die
Mengenelemente aufgeführt sind. So ist

```
VAR     Lottozahlen : SET OF 1 .. 49;
BEGIN   Lottozahlen := [1,13,19,24,25,49]
```

eine zugelassenen Deklaration einer Variablen "Lottozahlen" mit
einer Zuweisung (ohne Gewähr). Folgende Mengenoperatoren sind
definiert:

Operator	Verknüpfung	Ergebnistyp	Bedeutung
*	menge1 * menge2	menge	Schnittmenge
+	menge1 + menge2	menge	Vereinigungsmenge
-	menge1 - menge2	menge	Differenzmenge
=	menge1 = menge2	boolean	Prüfung auf Gleichheit
<>	menge1<> menge2	boolean	Prüfung auf Ungleichheit
>=	menge1>= menge2	boolean	Prüfung auf Obermenge
<=	menge1<= menge2	boolean	Prüfung auf Teilmenge
IN	element IN menge	boolean	Prüfung auf Enthaltensein

Wie man komplizierte Bedingungen elegant mit Mengenbegriffen formulieren kann, zeigt das folgende Programm. Es liest Zeichen von der Tastatur ein, überprüft, ob es sich um Ziffern, Vokale, Konsonanten, Umlaute oder sonstige Zeichen handelt und gibt entsprechende Meldungen aus.

```
PROGRAM menge;
TYPE Zeichenmenge = SET OF char;
VAR  ungerade, gerade, Ziffern, Vokale, Konsonanten,
     Umlaute : Zeichenmenge;
     Zeichen : char;
BEGIN
   ungerade:=     ['1','3','5','7','9'];
   gerade:=       ['0'..'9'] - ungerade;
   Vokale:=       ['a','e','i','o','u','A','E','I','O','U'];
   Konsonanten:= ['a'..'z','A'..'Z'] - Vokale;
   Umlaute:=      ['ä','ö','ü','Ä','Ö','Ü'];
   write  ('Eingabe eines Zeichens, Ende bei Zeichen = $ ');
   readln (Zeichen);

   WHILE Zeichen <> '$' DO BEGIN
     IF (zeichen IN ungerade) THEN writeln('Ungerade Ziffer')
      ELSE IF (zeichen IN gerade) THEN  writeln('Gerade Ziffer')
       ELSE IF (zeichen IN vokale) THEN  writeln('Vokal')
        ELSE IF (zeichen IN konsonanten)
           THEN writeln('Konsonant')
           ELSE writeln('Sonstiges Zeichen');
     write  ('Eingabe eines Zeichens, Ende bei Zeichen = $ ');
     readln (Zeichen)
   END
END.
```

3.14.2 Bildschirmsteuerung

Bisher kennen wir nur die Prozeduren read, write, readln und writeln für den Datenverkehr zwischen Tastatur, Bildschirm und Programm. Dabei gibt es kaum Kontrollmöglichkeiten, um beispielsweise festzulegen, an welcher Stelle des Bildschirms ein bestimmtes Ausgabezeichen erscheint. Für einfache Anwendungen ist dies auch nicht erforderlich. Moderne Anwendungsprogramme arbeiten jedoch in der Regel "menügesteuert" (das Pascal-System selbst ist ein Beispiel dafür, ein weiteres das in Abschnitt 1.5. verwendete Computer-Simulationsprogramm) und verwenden "Bildschirmmasken" zur "Benutzerführung".

Turbo Pascal bietet eine Reihe von "eingebauten" Funktionen zur
Steuerung von Bildschirm und Tastatur. Sie sind in der Bibliothek
"crt.tpl" zusammengefaßt und erlauben z.B. die wahlfreie
Positionierung des Cursors auf jede beliebige Bildschirmstelle,
die Abfrage, an welcher Stelle sich die Schreibmarke gerade befindet, die Definition von Bildschirmfenstern, die Prüfung, ob
eine Taste betätigt wurde und vieles mehr.

Daneben ist auch eine einfache Grafikausgabe ("Blockgrafik") möglich. So können Sie z.B. Tabellenrahmen zeichnen oder Bildschirm-
ausschitte als "Fenster" markieren. "Echte" Grafik (z.B. Kurven-
darstellungen) verlangt allerdings weitergehende Maßnahmen (siehe
nächsten Abschnitt).

3.14.3 Grafik

Turbo Pascal ermöglicht die Erstellung von Grafiken beliebiger
Art und bietet hierzu eine Anzahl vordefinierter Funktionen, die
in der Bibliothek "graph.tpl" zusammengefaßt sind. Geraden, Krei-
se, Ellipsen, Rechtecke und Balken sind unmittelbar durch Aufruf
der entsprechenden Prozeduren verfügbar, andere Figuren müssen
punktweise konstruiert werden. Alle üblichen Grafikkarten (Hercu-
les, EGA, CGA, VGA und andere) werden unterstützt.

Es ist nicht möglich, im Rahmen dieses Buchs eine Beschreibung
der zahlreichen Grafik-Möglichkeiten zu geben. Das folgende Bei-
spielprogramm zeigt jedoch das grundsätzliche Verfahren.

Das Programm zeichnet eine nach unten geöffnete Parabel samt Ach-
senkreuz auf den Bildschirm. Die Parabel wird punktweise berechnet, jeder Bildpunkt wird einzeln gezeichnet. Hierbei kommt bereits das Wesentliche zum Vorschein:

Die Bildschirmfläche wird durch ein gedachtes rechtwinkliges Ko-
ordinatensystem überzogen. Der Nullpunkt liegt in der linken oberen Ecke, die x-Achse geht von links nach rechts, die y-Achse von
oben nach unten. Der mögliche Zahlenbereich beider Koordinaten
hängt von der verwendeten Grafikkarte ab und beträgt z.B. 719 x
347 bei der Hercules-Karte (jeder ganzzahlige Koordinatenwert
entspricht einem einzelnen Bildpunkt).

Vor Beginn der eigentlichen Grafikausgabe muß der Bildschirm vom
üblichen Textmodus in den Grafikmodus umgeschaltet werden. Dies
besorgt die Prozedur "InitGraph", die sogar selbständig feststellen kann, welche Grafikkarte eingebaut ist. Anschließend kann mit
allen Grafikfunktionen gearbeitet werden, bis zum Schluß durch
"CloseGraph" der Grafikmodus beendet und der Bildschirm wieder
in den Textmodus zurückgeschaltet wird. Das folgende Beispielpro-
gramm enthält in seinen Kommentaren unmittelbare Erläuterungen
aller wesentlichen Vorgänge.

```
PROGRAM Parabel;
(* Zeichnet eine nach unten geöffnete Parabel mit
   Achsenkreuz auf den Bildschirm.
   Die Zahlenkonstanten sind für die Hercules-Grafikkarte
   optimiert (einfarbig, 720 x 348 Bildpunkte). Bei Verwendung
   von Karten mit anderer Grafikauflösung müssen die
   Zahlenwerte entsprechend geändert werden.

   Die Treiberroutine der Grafikkarte (z.B. HERC.BGI) wird im
   Standardlaufwerk erwartet. Andernfalls ist beim Aufruf von
   "initgraph" der dritte Parameter entsprechend zu ändern
   (Angabe eines Suchpfads).

   Die Grafikroutinen sind in der Bibliothek "graph" enthalten.
   Bibliothek "crt" wird nur für die Funktion "keypressed"
   benötigt, nicht für die eigentliche Grafik.
*)
USES graph,crt;        (* Bibliotheken *)
CONST  (* Zahlenkonstanten zur Festlegung des Grafikformats *)
    linksX    = 0;     (* Koordinatenanfang wagerecht *)
    rechtsX   = 700;   (* Koordinatenende waagerecht *)
    obenY     = 0;     (* Koordinatenanfang senkrecht *)
    untenY    = 340;   (* Koordinatenende senkrecht *)
    ursprungX = 350;   (* Ursprung Achsenkreuz wagerecht *)
    ursprungY = 0;     (* Ursprung Achsenkreuz senkrecht *)
```

```pascal
   x,y,xpos,ypos,anfang,ende, bereich: integer;

(* Bedeutung der Variablen:
   grafikkarte:  Verwendete Grafikkarte
   grafikmodus:  grafikmodus für diese Karte
   x,y:          Variablen zur Berechnung der Parabel
   xpos, ypos:   Position eines Bildpunkts
   anfang, ende: Grenzen des Wertebereichs von x
   bereich:      Grösse des Wertebereichs von x
*)
BEGIN
   (* Identifizierung der im System vorhandenen  Grafikkarte *)
   Grafikkarte := detect;
   (* Bildschirmgrafik initialisieren *)
   InitGraph (Grafikkarte, Grafikmodus, '');

   MoveTo( linksX, obenY );    (* Grafikcursor nach links oben *)
   LineTo( rechtsX, obenY );        (* Abszisse zeichnen *)
   MoveTo( ursprungX, ursprungY );
   LineTo( ursprungX, untenY );     (* Ordinate zeichnen *)

   (* Einzelne Parabelpunkte berechnen und zeichnen *)
   bereich := (rechtsX-linksX) div 3;
   anfang := -bereich;
   ende := bereich;
   FOR x:=anfang TO ende DO BEGIN
      y := x*x;          (* x,y: Wertepaar eines Parabelpunkts *)
      xpos := ursprungX + x*3;       (* xpos, ypos: Bildpunkt *)
      ypos := (y div 20) + obenY;
      PutPixel( xpos, ypos, 15 );  (* Bildpunkt zeichnen *)
   END;
   REPEAT UNTIL KeyPressed;        (* Warteschleife *)
   CloseGraph;                     (* Grafik beenden *)
END.
```

Und dies ist das Resultat eines Programmlauf:

Wem diese Anwendung zu mathematisch-technisch ist, dem sei zum Abschluß des Pascal-Kapitel noch das Ergebnis eines zweiten Grafik-Programms geboten. Hierbei soll - ganz wie es Framework mit seiner Business-Grafik kann - die Entwicklung der Stundentenzahlen am Fachbereich Informatik der Fachhochschule Darmstadt dargestellt werden. Zu jedem Semester soll die Zahl der Immatrikulierten und Absolventen als "dreidimensionale" Säule wiedergegeben werden und außerdem durch alle Gipfel ein Polygonzug gelegt werden (in Framework heißt so etwas "unmarkierte Linie"). Das Resultat:

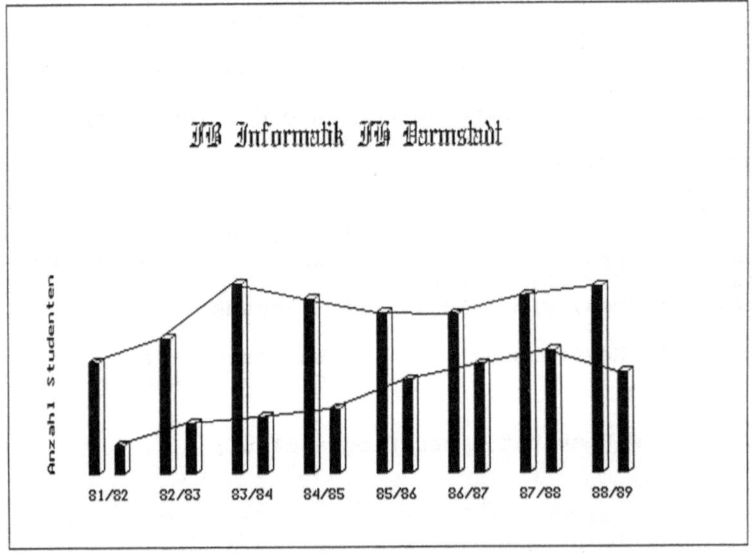

Wie das entsprechende Programm gestaltet ist? Sehen Sie einmal auf der Beispiel-Diskette unter \PASCAL\HISTO3D.PAS nach!

4 Systematische Software-Entwicklung

4.1 Von kleinen zu großen Programmen

Alle in den Kapiteln 2 und 3 vorgestellten Beispiele haben etwas gemeinsam: Sie entstammen klar definierten Aufgabenstellungen, setzen kein Fachwissen voraus, sind vom Umfang her abgegrenzt und sind daher auch in ihrer Qualität einfach zu beurteilen.

So ist aber die Situation in der Praxis gerade nicht:

- Reale Aufgabenstellungen entstehen in genauso realen Fach-Umgebungen; sie erfordern deshalb erhebliches Fachwissen.

- Wie umfangreich eine Aufgabe ist, läßt sich im voraus nur schwer abschätzen. Viele Beispiele aus der Praxis zeigen, daß EDV-Projekte stets in ihrem Aufwand unterschätzt werden und daher auch sowohl mehr Kapital (insbesondere für Personal) als auch Zeit als zunächst veranschlagt benötigen.

- Wie es um die Qualität eines entwickelten Systems steht, läßt sich vielfach nicht sagen. Oft stellen sich gerade schwerwiegende Mängel erst während des Betriebs heraus.

So kann jedoch keine wirtschaftliche Software-Entwicklung aussehen. Im Sinne eines ingenieurmäßigen Vorgehens muß auch die Entwicklung von Software sowohl in den Kosten als auch in der Qualität des Produkts kalkulierbar sein. "Quick and dirty" als Leitlinie der Programmierung hat ausgespielt!

Was das für das allgemeine Vorgehen bedeutet, zeigt sich in den Methoden und Phasen im Kapitel 4.2, ein grafisches Beschreibungsmittel stellt Kapitel 4.3 vor. Was dies bei einem konkreten Projekt bedeutet hat, zeigt das Beispiel "myCs" in Kapitel 4.4.

4.2 Phasen und Methoden der Software-Entwicklung

Grundgedanke der systematischen Software-Entwicklung ist, Aufgaben nicht in einem Gewaltakt im Ganzen lösen zu wollen, sondern

- sie in überschaubare Bausteine aufzuteilen und in einzelnen Phasen zu bearbeiten,

- diese Bausteine im Team aus verschiedenen Mitarbeitern unterschiedlicher Qualifikationen und z.T. parallel bearbeiten zu lassen und

- jeden Baustein auf seine Qualität zu überprüfen.

Am Ende jeder Phase liegt damit ein Produkt vor, das auf seine Qualität zu beurteilen ist:

Phase	Aktivität	Produkt
1	Ist-Analyse	Voruntersuchungsbericht
x	Entscheidung	Projektauftrag
2	Grobkonzeption	Pflichtenheft
3	Feinkonzeption	Detailspezifikation
4	Modul-Implementierung	Modul-Programmcode
5	Integration	System-Programmcode
6	Installation	betriebstüchtiges System
x	Übergabe	Betrieb-Freigabe
7	Betrieb / Wartung	Betriebsprotokoll

Gegenstand der Qualitätskontrolle ist damit   nicht nur ein ausführbares Programm, sondern gerade die Entwurfsdokumentation!

Woraus bestehen nun die Aktivitäten im einzelnen und welche Methoden wendet man bei ihnen an, um zu den jeweiligen Produkten zu kommen?

(1) Mit der <u>Ist-Analyse</u> soll das Betriebs-Umfeld untersucht werden und insbesondere festgestellt werden, welche Informationen derzeit wie von wem verarbeitet werden und wie das in Zukunft (ansatzweise) geschehen soll. Dabei geht es besonders darum, die Schwachstellen des bisherigen Vorgehens zu erkennen. Neben dem Untersuchungsergebnis soll der <u>Voruntersuchungsbericht</u> Alternativen für ein zu entwickelndes System aufzeigen und in Kosten-Nutzen-Analysen bewerten.

(x) In der <u>Entscheidung</u> über das Projekt wird aus einer der vorgeschlagenen Alternativen des Voruntersuchungsberichts ein <u>Projektauftrag</u> erteilt. Es kann allerdings auch **kein** Projektauftrag erteilt werden: Ein fertiges Produkt soll gekauft werden oder es wird von einer Systemeinführung ganz abgesehen (dafür werden z.B. organisatorische Verbesserungen geplant).

(2) In der <u>Grobkonzeption</u> soll die Benutzersicht auf das neue System festgelegt werden, welche Leistungen es bietet und wie sie sich dem Benutzer z.B. in Bildschirmmasken darstellen. Dies ist in einem <u>Pflichtenheft</u> darzustellen. Hilfsmittel sind z.B.: Datenflußplan (siehe Kapitel 4.3.1) und Entscheidungstabellen.

(3) Wie das System technisch aufgebaut ist, wie die Daten z.B. im Sinne des Entity-Relationship-Modells organisiert sind, in welche Komponenten und Module das Gesamtsystem zerlegt ist, ist im Rahmen der <u>Feinkonzeption</u> als sog. <u>Detailspezifikation</u> zu bestimmen. Hilfsmittel sind:

- Hierarchy plus Input-Process-Output-(HIPO)-Diagramm zur
  grafischen Beschreibung der Hierarchie der Systembe-
  standteile und der Datentransformation
- Struktogramm und Programmablaufplan zur grafischen Beschreibung des Programmablaufs
- Spezifikationssprachen zur Programmierung im Großen

(4) Bei der Modul-Implementierung geht es um die Realisierung
    der Vorgaben aus Phase 3 auf einem Computer. Hilfsmittel
    sind: höhere Programmiersprache, Datendefinitions-/-mani-
    pulationssprache bei Datenbanksystemen und Programmierumge-
    bungen (incl. Editor).Inwieweit der entwickelte Programm-
    code richtig ist, läßt sich mit Tests prüfen ("Black Box"-
    Test, "White Box"-Test).

(5) Alle freigegebenen Module werden in der Integration zu ei-
    nem System zusammengefügt (mit in der Praxis beliebig gro-
    ßen Problemen ...). Ergebnis ist ein lauffähiger System-
    Programmcode.

(6) In der Phase der Installation wird das Gesamtsystem auf die
    Betriebsbedürfnisse angepaßt auf dem Produktionscomputer
    installiert. Dies schließt sowohl die Konvertierung von
    Altdaten oder Erfassung von Neudaten zum Anlaufen des Sy-
    stems als auch eine Schulung der Benutzer ein. Ergebnis ist
    ein - aus der Sicht des Betriebs - betriebstüchtiges Sy-
    stem.

(x) Die Übergabe des betriebstüchtigen Systems an den Auftrag-
    geber schließt das Projekt ab. Bei dem Übergabetest sind
    Pflichtenheft und Entwicklungsprodukt zu vergleichen (ggf.
    in einem längeren Probebetrieb). Erst danach ist die
    Betriebs-Freigabe zu erteilen (besonders wichtig, weil ge-
    setzlich vorgeschrieben, bei der Verarbeitung personenbe-
    zogener Daten!).

(7) In der Phase <u>Betrieb / Wartung</u> soll das System wirtschaft-
    lich genutzt werden können. Das schließt seine Überwachung
    in <u>Betriebsprotokollen</u>, Leistungsverbesserung (Tuning) oder
    Fehlerbeseitigung ein.

Jede Phase schließt mit einer Kontrolle des erzeugten Produktes
ab. Dies erhöht die Wahrscheinlichkeit, daß die Produkte weniger
Fehler haben, als sie bei unkontrollierter Entwicklung hätten.
Außerdem kann der zukünftige Benutzer bereits zu einem frühen
Zeitpunkt der Entwicklung, anhand des Pflichtenhefts beurteilen,
ob das System seinen Vorstellungen entspricht. Noch besser kann
er dies, wenn das Pflichtenheft nach dem Prinzip des "Prototy-
ping" als auf einem Computer implementiertes Programm vorliegt:
dann kann er die Benutzerschnittstelle unmittelbar testen.

Spatestens an dieser Stelle werden Sie fragen, was das mit der
Entwicklung **Ihrer** kleinen Programme zu tun hat. Es hat viel damit
zu tun, sagen wir: Abgesehen von ganz wenigen Programmen, die
nach einmaligem Gebrauch gelöscht werden, "leben" alle Programme
eine erstaunlich lange Zeit und "erleben" dabei viele verschiedene Benutzer. Deshalb halten Sie folgende Minimalforderungen
ein:

   - Definieren Sie schriftlich, was Ihr Programm wie leistet.

   - Beschreiben Sie die Daten- und Programmstruktur mit ent-
     sprechenden (grafischen) Hilfsmitteln.

   - Halten Sie - gerade nach Änderungen - Ihre Dokumentation
     konsistent (= auf dem laufenden).

4.3 Struktogramme

Listen umfangreicher Computerprogramme erstrecken sich über viele
Druckseiten und sind daher manchmal schwierig zu lesen und zu
verstehen. Struktogramme sind Hilfsmittel zur grafischen Darstellung der "Programmlogik". Sie vermitteln einen raschen Überblick über den Programmablauf, ohne durch die technischen Einzelheiten der Codierung vom Wesentlichen abzulenken. Sie berücksichtigen besonders die in Pascal möglichen Kontrollstrukturen,
können jedoch auch in Verbindung mit anderen Sprachen benützt
werden.

Ein Struktogramm besteht aus einer Folge rechteckiger "Blöcke",
von denen jeder eine oder mehrere Anweisungen enthält. Jeder
Block hat genau einen "Eingang" und einen "Ausgang". Die Blöcke
werden so aneinander gereiht, daß jeweils der Ausgang des voran-
gehenden mit dem Eingang des nächstfolgenden Blocks zusammen-
fällt. Schleifen- und Bedingungskonstruktionen entsprechen unterschiedlich gestalteten Blöcken.

Folgende Grundstrukturen gibt es:

Einfacher Anweisungsblock

Anweisung(en)

Führe die in dem Block enthaltenen
Anweisungen in linearer Folge aus.

Schleife mit Anfangsabfrage

Wdh. solange Bedingung
Anweisung(en)

Führe die in der Blockfolge
enthaltenen Anweisungen so
lange aus, wie die Bedingung
"wahr" ist. Wenn die Bedingung
von Anfang an "falsch" ist,
wird keine Blockanweisung ausgeführt ("abweisende Schleife")

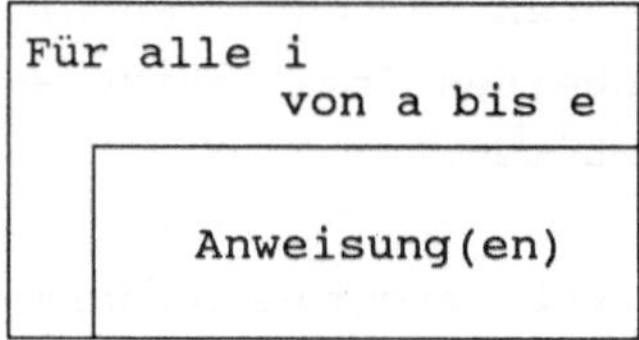

Zählschleife

Zähle vom Anfangswert a bis zum Endwert e und führe dabei jedesmal die Anweisung(en) in der Blockfolge aus. Wenn e kleiner als a ist, wird die Schleife nicht durchlaufen ("abweisende Schleife")

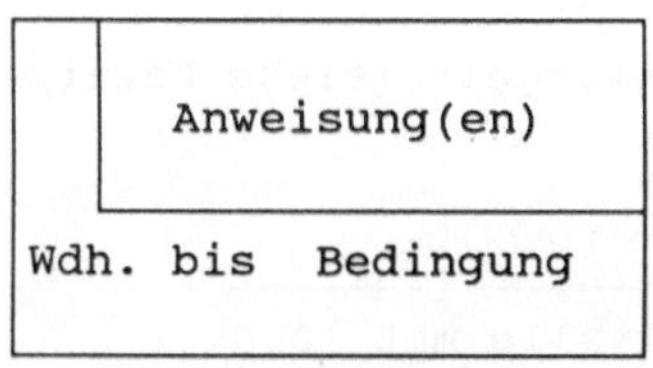

Schleife mit Endabfrage

Führe die in der Blockfolge enthaltenen Anweisung(en) so lange wiederholt aus, bis die Endbedingung "wahr" wird ("annhemende Schleife").

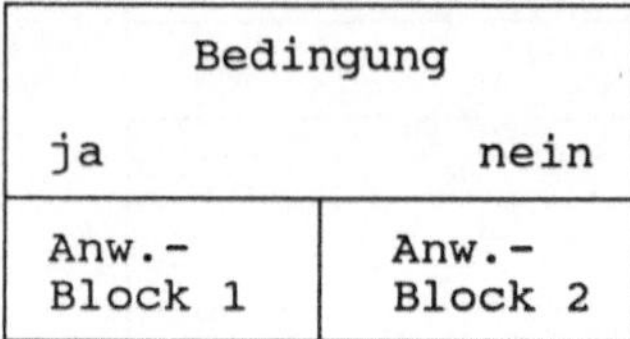

Zweiseitige Alternative

Wenn die Bedingung "wahr" ist, führe Anweisungbblock 1 aus, andernfalls Anweisungsblock 2.

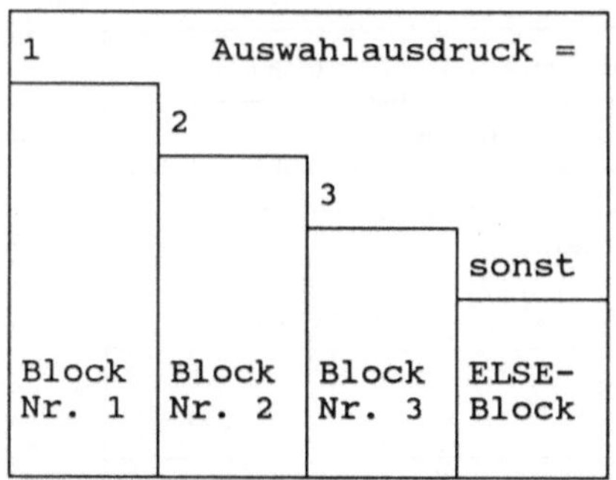

Mehrseitige Alternative

Falls der Wert des Ausdrucks gleich n ist, führe Anweisungs-Block Nr. n aus. Stimmt der Wert des Ausdrucks mit keiner Fallmarke eines Anweisungs-blocks überein, so führe die Anweisungen des ELSE-Blocks aus.

Struktogramme eignen sich nicht nur, die Logik eines Programms nachträglich zu dokumentieren. Sie dienen vielmehr vorrangig dazu, Programmlogik zu _entwerfen_. Damit

- kann man sich bei der Programmentwicklung zunächst auf die wesentlichen Teile der Logik konzentrieren - ohne an die Realisierung mit den syntaktischen Feinheiten "real existierender" Programmiersprachen denken zu müssen.

- ist ein Programmentwurf mit Struktogrammen programmiersprachenunabhängig, d.h. die Implementation kann im Prinzip in einer beliebigen Programmiersprache erfolgen.

Und so stellt sich das Programm "Trapezregel" (siehe Kapitel 3.6.3) im Struktogramm dar:

<table>
<tr><td colspan="2">Genauigkeit mit 0.01 und max. Anzahl Intervalle mit 1000 initialisieren</td></tr>
<tr><td colspan="2">Eingabe linker Intervallgrenze</td></tr>
<tr><td colspan="2">Wdh. solange linke Intervallgrenze > 0</td></tr>
<tr><td></td><td>rechte Intervallgrenze eingeben
Intervallzahl mit 1 initialisieren
Fläche mit 0 initialisieren</td></tr>
<tr><td>Wdh.</td><td>Anzahl Intervalle verdoppeln
Länge der Intervalle berechnen
Fläche berechnen

Wdh. für alle i von 1 bis Anzahl Intervalle

Fläche um Flächebeitrag erhöhen

Fläche mit h multiplizieren und halbieren
alte und neue Fläche merken</td></tr>
<tr><td colspan="2">bis |altwert-neuwert| < e oder n > grenz</td></tr>
<tr><td colspan="2">n > grenz ?
ja   nein</td></tr>
<tr><td>Ausgabe "abgebrochen";
Ausgabe altwert, neuwert</td><td>Ausgabe "Fläche=",fläche</td></tr>
<tr><td colspan="2">Eingabe linker Intervallgrenze</td></tr>
</table>

4.4 Beispiel: Der Modellcomputer myCs

4.4.1 Datenfluß und Modulübersicht

In Kapitel 1.5 haben wir den Modell-Computer myCs benutzt, um grundlegende interne Funktionen eines Computers beobachten zu können. In diesem Kapitel sehen wir uns an, wie myCs - als Objekt der Systementwicklung - in Grundzügen realisiert worden ist.

So verwendet myCs beliebig viele Dateien, in denen myCs-Programme (= 1:1-Abbilder seines Arbeitsspeichers) abgelegt sind und eine Datei mit den Texten der Hilfefunktion. Das Zusammenspiel dieser Dateien mit den einzelnen myCs-Funktionen und der Bildschirm-Ein-/Ausgabe läßt sich in folgendem Datenflußplan darstellen:

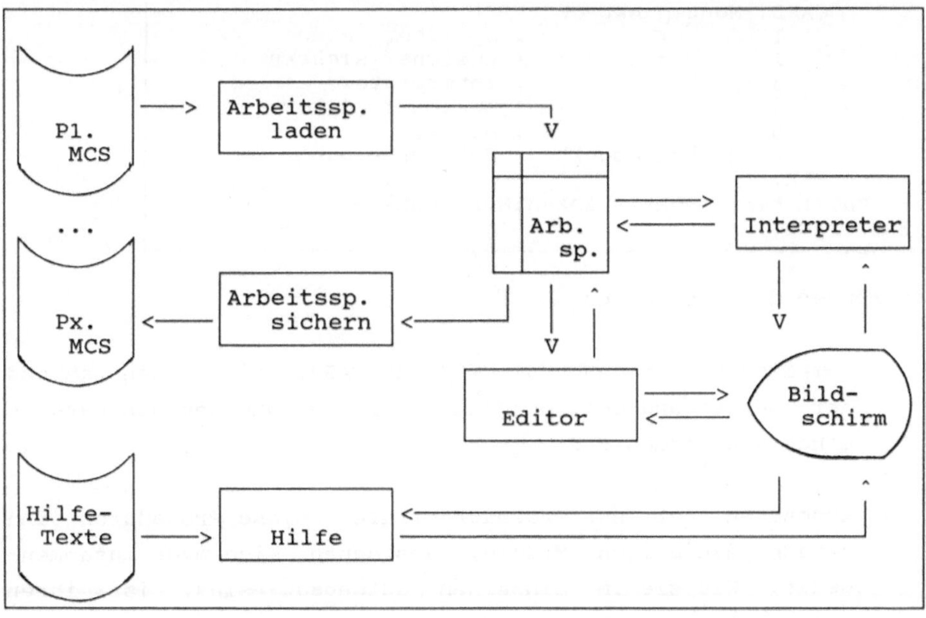

Was die Zerlegung der Aufgabenstellung im Sinne der Schrittweisen
Verfeinerung anlangt, soll es genügen, das Hauptprogramm (Programmiersprache Turbo-Pascal Version 4.0) wiederzugeben:

```
PROGRAM myCs;
USES Crt;

{$I MYCS-X.PAS}            { "Hardware", Befehlssatz}
{$I MYCS-SCR.PAS}          { Bildschirmmasken/-teile}
{$I MYCS-MNU.PAS}          { Menueauswahl }
{$I MYCS-I.PAS}            { Interpreter }
{$I MYCS-FIO.PAS}          { Laden & Speichern }
{$I MYCS-E.PAS}            { Editor }
{$I MYCS-HLP.PAS}          { Hilfe }

BEGIN { myCs }
   GrundMaske;
   Menuepunkt := 1;
   REPEAT
      menue (Menuepunkt);
      CASE  Menuepunkt OF
         1                    : speicher_laden;
         2                    : speicher_sichern;
         3                    : interpreter;
         4                    : speicher_editor;
         5                    : hilfe;
         AnzahlMenuepunkte : SchlussMeldung
      END;
   UNTIL Menuepunkt = AnzahlMenuepunkte
END {myCs}.
```

Wir können darin erkennen:

-   Compiler-Direktiven "$I MYCS-xxx.PAS", mit denen während
    der Übersetzung Quellprogramme aus den angegebenen Dateien
    eingefügt werden und

-   ansonsten fast nur Prozeduraufrufe. Diese Prozeduren sind
    gerade diejenigen Module, aus denen sich myCs zusammen-
    setzt. Wie sie im einzelnen aufgebaut sind, ist ihren
    Quellprogrammen (auf der Diskette) zu entnehmen.

4.4.2 Universell einsetzbar: Das Menüsystem

Bietet das Kapitel 4.3.1 lediglich eine Rückschau auf das, was
bereits realisiert ist (und Sie so ähnlich realisieren könnten),
liefert Ihnen dieses Kapitel einen Baustein, den Sie unmittelbar
in eigenen Programmen einsetzen können: ein Menüsystem in Turbo-
Pascal. So sieht dieses Menüsystem aus (in myCs angewendet):

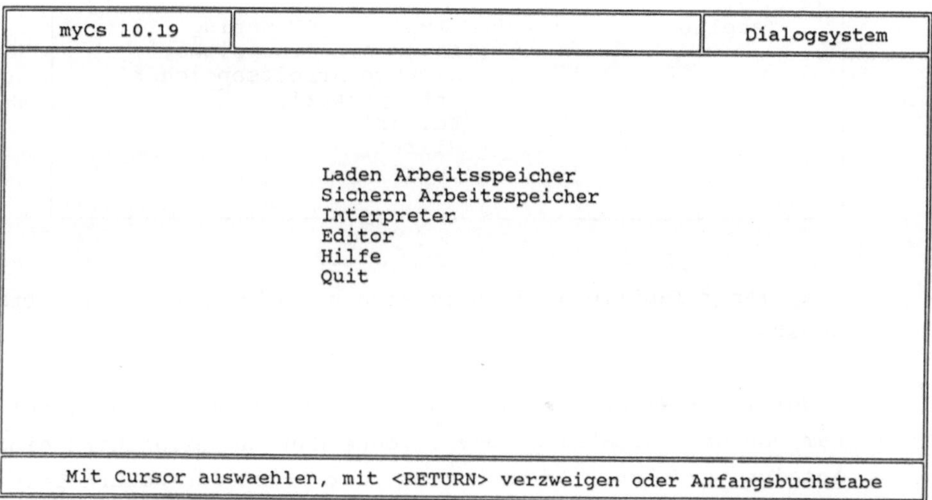

Der Benutzer von myCs kann eine Funktion entweder mit dem Cursor
auswählen (der ausgewählte Menüpunkt wird invers dargestellt) und
mit der Return-Taste auslösen oder unmittelbar durch den Anfangsbuchstaben auslösen. Fehlerhafte Eingaben wie z.B. Eingabe von
"x" führen zu einer entsprechenden Mitteilung in der Meldungs-
zeile.

Wie ist dieses Menüsystem realisiert?

- Es enthält eine Tabelle mit den Texten zu den einzelnen Menüpunkten. Ihre Definition im Pascal-Programm ist:

```
CONST
   AnzahlMenuePunkte = 6;
TYPE
  MpType            = 1 .. AnzahlMenuePunkte;
CONST
   Tabelle          : ARRAY [MpType] OF String [23]
                    = ('Laden Arbeitsspeicher',
                       'Sichern Arbeitsspeicher',
                       'Interpreter',
                       'Editor',
                       'Hilfe',
                       'Quit');
```

Bei dieser Tabelle handelt es sich um eine sog. typisierte Konstante.

- Jeder Tastendruck wird über die Funktion ReadKey unmittelbar von der Tastatur gelesen, ohne daß am Bildschirm eine Anzeige erfolgt. So kann z.B. der Druck der Return-Taste oder Escape-Taste erfaßt werden. Ein besonderes Problem stellen dabei die Tasten "Cursor nach oben" und "Cursor nach unten" dar: Sie werden als Zeichenkombination "$00" und "P" bzw. "$00" und "H" codiert. Um diese Tasten im Programm unterscheiden zu können, sind daher zwei Lesevorgänge nötig!

- Es verwendet intensiv die Prozedur "Window", mit der ein Fenster auf dem Bildschirm aufgemacht werden kann - alle anderen Bereiche sind den Schreibanweisungen verborgen.

Der wesentliche Teil des Ablaufs sieht damit so aus:

<table>
<tr>
<td rowspan="4">Wdh.</td>
<td colspan="5">lies ein Zeichen von Tastatur nach c1</td>
</tr>
<tr>
<td colspan="5" align="center">c1 =</td>
</tr>
<tr>
<td>Spezial-
Taste

zweites
Zeichen
einlesen

auf
nächsten
Menüpunkt
setzen</td>
<td>Return-
Taste</td>
<td>Escape-
Taste

auf
Menüpkt
"Ende"
setzen</td>
<td colspan="2" align="center">Sonstiges

zul.Buchst.?</td>
</tr>
<tr>
<td colspan="3"></td>
<td>ja

auf
entspr.
Menüpunkt
setzen</td>
<td>nein

Fehler-
meldung</td>
</tr>
<tr>
<td colspan="6">bis Return- oder Escape-Taste gedrückt</td>
</tr>
</table>

Die Umsetzung dieses Struktogramms in Pascal finden Sie in der Datei MYCS-MNU.PAS auf der Diskette.

Hinweise zur Diskettenversion

Die Diskette (5.25 Zoll; 360 KB IBM-Standard) enthält alle im
Buch verwendeten Beispiele. Dies sind sowohl alle Frames zu
Framework, der gesamte Modellcomputer myCs (auch im Quell-Code)
als auch alle Beispielprogramme zu Turbo Pascal. Im einzelnen
sind es folgende Inhalte und Dateien:

Zu Kapitel 2 (Unterverzeichnis "FW" der Diskette):

zum Inhalt	Datei(en)				
Einstieg	ERSTES_B FW3				
Datenverwaltung	KUNDEN FW3				
Filtern	COMPUTER FW3	ANGEBOT	FW3		
Serienbriefe	ANGEBOT2 FW3				
Tabellenkalkulat.	BAUFINAN FW3	WAHLDB	FW3	WAHLTAB	FW3
Grafik	4GRAFIKE FW3				
Konzept	KOMMWAHL FW3				
Programmierung	NOTEN FW3				
Terminkalender	M61989 FW3				

Zu Kapitel 1.5 und 4.3 (Unterverzeichnis "MYCS" der Diskette):

Inhalt	Datei(en)				
ausführb. Programm	MYCS	EXE			
Hilfetexte	MYCS	MSG			
ArbSpeicherDateien	P1	MCS	P2	MCS	P3	MCS
	P4	MCS	P5	MCS	P6	MCS
Quellprogramme	MYCS	PAS	MYCS-E	PAS	MYCS-FIO	PAS
	MYCS-HLP	PAS	MYCS-I	PAS	MYCS-MNU	PAS
	MYCS-SCR	PAS	MYCS-X	PAS		
ProgrammGenerator	MYCS-GP	PAS			
dazu: Inc-Files	P1	INC	P2	INC	P3	INC
	P4	INC	P5	INC	P6	INC

Zu Kapitel 3 (Unterverzeichnis "PASCAL" der Diskette):

zum Kapitel	Datei(en)					
3.2.1	KREIS1	PAS				
3.3.6	KREIS2	PAS				
3.5.2	SCHLEIFE	PAS	SINUS	PAS		
3.5.3	ASCII	PAS				
3.5.4	ZAHLEN	PAS				
3.6.1	DIVISION	PAS				
3.6.2	ZEICHEN	PAS				
3.6.3	TRAPEZ	PAS				
3.8.1	NOTEN1	PAS	NOTEN2	PAS	NOTEN3	PAS
3.8.2	MATMULT	PAS				
3.10	LAGER1	PAS	LAGER2	PAS		
3.11	GEOKOOR	PAS				
3.12.2	AUSTEXT	PAS				
3.12.3	STAEDTE	PAS				
3.13.1	WURZEL1	PAS				
3.13.2	UNTER	PAS				
3.13.3	WURZEL2	PAS				
3.14.1	MENGE	PAS				
3.14.3	PARABEL	PAS	HISTO3DI	PAS		

Literatur

<u>Ashton-Tate</u>: Framework III Einführung / Anwenderhandbuch / Programmierung Frankfurt 1988

<u>Coffron, J.W.</u>: Programmierung des 8086/88 Düsseldorf 1984

<u>Erbs, H.E. & Stolz, O.</u>: Einführung in die Programmierung mit PASCAL Stuttgart 1986

<u>Franze, Menzel & Mödl</u>: FRAMEWORK-Praxis (Band 1 Konzepte) Stuttgart 1988

<u>Gesellschaft für Informatik</u>: Empfehlungen zur Integration der Informatik in Ingenieur-Studiengänge an Fachhochschulen (in: Informatik Spektrum Band 11 Heft 5 S. 277 ff) Heidelberg 1988

<u>Heimsoeth Software:</u> Pascal 4.0 Referenz- und Benutzerhandbuch München 1987

<u>Lehner, Meran & Möller:</u> De Statu Corruptionis - Zur Entscheidungslogik der Amoralität und ihrer eschatologischen Dynamik Konstanz-Litzelstetten 1980

<u>Schieb:</u> PC Maschinensprache Düsseldorf 1987

<u>Smode, D.:</u> Das große MS-DOS-Profi-Arbeitsbuch München 1987

<u>Zehnder, C.A.</u>: Informatik-Projektentwicklung Stuttgart 1986